U0230038

"985"工程
现代冶金与材料过程工程科技创新平台资助

现代冶金与材料过程工程丛书

真空在钢冶金中的应用

龚 伟 梁连科 著

科学出版社

北京

内 容 简 介

全书共分为 6 章，主要内容包括钢的真空冶金过程的物理化学和典型的真空熔炼及精炼装置、工艺及质量问题等。真空冶金过程的物理化学包括真空下碳还原固体金属氧化物能力的影响；真空下金属熔体的脱氧、脱气；真空挥发（蒸馏）过程的物理化学及真空下的坩埚反应。典型的真空熔炼过程为真空感应熔炼和真空电弧熔炼。本书介绍了真空感应熔炼的形成、发展，工作原理，以及设备设计和工艺质量问题。真空电弧熔炼主要是真空电弧熔炼的理论基础和电气、自动控制及机械设备特点，并分析了真空电弧熔炼的质量问题、工艺装置发展和安全问题。真空精炼过程主要介绍了 VD、VAD、VOD 及 RH 精炼设备和工艺特点，分析了各真空精炼工艺的效果。

本书可作为工程师继续教育的学习教材和技术工人的培训教材、高等学校冶金工程专业的教材，也可供大专院校金属材料及热处理、压力加工、铸造等专业的师生及有关工程技术人员参考。

图书在版编目（CIP）数据

真空在钢冶金中的应用 / 龚伟，梁连科著. —北京：科学出版社，2018.6
（现代冶金与材料过程工程丛书）
ISBN 978-7-03-057501-2

Ⅰ.①真… Ⅱ.①龚… ②梁… Ⅲ.①真空冶金-应用-炼钢 Ⅳ.①TF7

中国版本图书馆 CIP 数据核字（2018）第 107908 号

责任编辑：张淑晓 李丽娇 / 责任校对：樊雅琼
责任印制：肖 兴 / 封面设计：东方人华

科学出版社 出版
北京东黄城根北街 16 号
邮政编码：100717
http://www.sciencep.com

中国科学院印刷厂 印刷
科学出版社发行 各地新华书店经销
*

2018 年 6 月第 一 版 开本：720×1000 1/16
2018 年 6 月第一次印刷 印张：13 1/4
字数：240 000

定价：108.00 元
（如有印装质量问题，我社负责调换）

《现代冶金与材料过程工程丛书》编委会

《现代冶金与材料过程工程丛书》序

　　21 世纪世界冶金与材料工业主要面临两大任务：一是开发新一代钢铁材料、高性能有色金属材料及高效低成本的生产工艺技术，以满足新时期相关产业对金属材料性能的要求；二是要最大限度地降低冶金生产过程的资源和能源消耗，减少环境负荷，实现冶金工业的可持续发展。冶金与材料工业是我国发展最迅速的基础工业，钢铁和有色金属冶金工业承载着我国节能减排的重要任务。当前，世界冶金工业正向着高效、低耗、优质和生态化的方向发展。超级钢和超级铝等更高性能的金属材料产品不断涌现，传统的工艺技术不断被完善和更新，铁水炉外处理、连铸技术已经普及，直接还原、近终形连铸、电磁冶金、高温高压溶出、新型阴极结构电解槽等已经开始在工业生产上获得不同程度的应用。工业生态化的客观要求，特别是信息和控制理论与技术的发展及其与过程工业的不断融合，促使冶金与材料过程工程的理论、技术与装备迅速发展。

　　《现代冶金与材料过程工程丛书》是东北大学在国家"985 工程"科技创新平台的支持下，在冶金与材料领域科学前沿探索和工程技术研发成果的积累和结晶。丛书围绕冶金过程工程，以节能减排为导向，内容涉及钢铁冶金、有色金属冶金、材料加工、冶金工业生态和冶金材料等学科和领域，提出了计算冶金、自蔓延冶金、特殊冶金、电磁冶金等新概念、新方法和新技术。丛书的大部分研究得到了科学技术部"973"、"863"项目，国家自然科学基金重点和面上项目的资助（仅国家自然科学基金项目就达近百项）。特别是在"985 工程"二期建设过程中，得到 1.3 亿元人民币的重点支持，科研经费逾 5 亿元人民币。获得省部级科技成果奖 70 多项，其中国家级奖励 9 项；取得国家发明专利 100 多项。这些科研成果成为丛书编撰和出版的学术思想之源和基本素材之库。

　　以研发新一代钢铁材料及高效低成本的生产工艺技术为中心任务，王国栋院士率领的创新团队在普碳超级钢、高等级汽车板材以及大型轧机控轧控冷技术等方面取得突破，成果令世人瞩目，为宝钢、首钢和攀钢的技术进步做出了积极的贡献。例如，在低碳铁素体/珠光体钢的超细晶强韧化与控制技术研究过程中，提出适度细晶化（3～5μm）与相变强化相结合的强化方式，开辟了新一代钢铁材料生产的新途径。首次在现有工业条件下用 200MPa 级普碳钢生产出 400MPa 级超级钢，在保证韧性前提下实现了屈服强度翻番。在研究奥氏体再结晶行为时，引入时间轴概念，明确提出低碳钢在变形后短时间内存在奥氏体未再结晶区的现象，为低碳钢的控制轧制提供了理论依据；建立了有关低碳钢应变诱导相变研究的系统而严密的实验方法，解决了低碳钢高温变形后的组织固定问题。适当控制终轧温度和压下量分配，通过控制轧后冷却和卷取温度，利用普通低碳钢生产出铁素体晶粒为 3～5μm、屈服强度大于 400MPa，具有良好综合性能的超级钢，并成功地应用于汽车工业，该成果获得 2004 年国家科学技术进步奖一等奖。

宝钢高等级汽车板品种、生产及使用技术的研究形成了系列关键技术（如超低碳、氮和氧的冶炼控制等），取得专利 43 项（含发明专利 13 项）。自主开发了 183 个牌号的新产品，在国内首次实现高强度 IF 钢、各向同性钢、热镀锌双相钢和冷轧相变诱发塑性钢的生产。编制了我国汽车板标准体系框架和一批相关的技术标准，引领了我国汽车板业的发展。通过对用户使用技术的研究，与下游汽车厂形成了紧密合作和快速响应的技术链。项目运行期间，替代了至少 50%的进口材料，年均创利润近 15 亿元人民币，年创外汇 600 余万美元。该技术改善了我国冶金行业的产品结构并结束了国外汽车板对国内市场的垄断，获得 2005 年国家科学技术进步奖一等奖。

提高 C-Mn 钢综合性能的微观组织控制与制造技术的研究以普碳钢和碳锰钢为对象，基于晶粒适度细化和复合强化的技术思路，开发出综合性能优良的 400～500MPa 级节约型钢材。解决了过去采用低温轧制路线生产细晶粒钢时，生产节奏慢、事故率高、产品屈强比高以及厚规格产品组织不均匀等技术难题，获得 10 项发明专利授权，形成工艺、设备、产品一体化的成套技术。该成果在钢铁生产企业得到大规模推广应用，采用该技术生产的节约型钢材产量到 2005 年年底超过 400 万 t，到 2006 年年底，国内采用该技术生产低成本高性能钢材累计产量超过 500 万 t。开发的产品用于制造卡车车轮、大梁、横臂及建筑和桥梁等结构件。由于节省了合金元素、降低了成本、减少了能源资源消耗，其社会效益巨大。该成果获 2007 年国家技术发明奖二等奖。

首钢 3500mm 中厚板轧机核心轧制技术和关键设备研制，以首钢 3500mm 中厚板轧机工程为对象，开发和集成了中厚板生产急需的高精度厚度控制技术、TMCP 技术、控制冷却技术、平面形状控制技术、板凸度和板形控制技术、组织性能预测与控制技术、人工智能应用技术、中厚板厂全厂自动化与计算机控制技术等一系列具有自主知识产权的关键技术，建立了以 3500mm 强力中厚板轧机和加速冷却设备为核心的整条国产化的中厚板生产线，实现了中厚板轧制技术和重大装备的集成和集成基础上的创新，从而实现了我国轧制技术各个品种之间的全面、协调、可持续发展以及我国中厚板轧机的全面现代化。该成果已经推广到国内 20 余家中厚板企业，为我国中厚板轧机的改造和现代化做出了贡献，创造了巨大的经济效益和社会效益。该成果获 2005 年国家科学技术进步奖二等奖。

在国产 1450mm 热连轧关键技术及设备的研究与应用过程中，独立自主开发的热连轧自动化控制系统集成技术,实现了热连轧各子系统多种控制器的无隙衔接。特别是在层流冷却控制方面,利用有限元素流分析方法,研发出带钢宽度方向温度均匀的层冷装置。利用自主开发的冷却过程仿真软件包,确定了多种冷却工艺制度。在终轧和卷取温度控制的基础之上,增加了冷却路径控制方法,提高了控冷能力,生产出了×75管线钢和具有世界先进水平的厚规格超细晶粒钢。经过多年的潜心研究和持续不断的工程实践,将攀钢国产第一代1450mm热连轧机组改造成具有当代国际先进水平的热连轧生产线,经济效益极其显著,提高了国内热连轧技术与装备研发水平和能力,是传统产业技术改造的成功典范。该成果获2006年国家科学技术进步奖二等奖。

以铁水为主原料生产不锈钢的新技术的研发也是值得一提的技术闪光点。该成果建立了K-OBM-S冶炼不锈钢的数学模型,提出了铁素体不锈钢脱碳、脱氮的机理和方法,开发了等轴晶控制技术。同时,开发了K-OBM-S转炉长寿命技术、高质量超纯铁素体不锈钢的生产技术、无氩冶炼工艺技术和连铸机快速转换技术等关键技术。实现了原料结构、生产效率、品种质量和生产成本的重大突破。主要技术经济指标国际领先,整体技术达到国际先进水平。K-OBM-S平均冶炼周期为53min,炉龄最高达到703次,铬钢比例达到58.9%,不锈钢的生产成本降低10%~15%。该生产线成功地解决了我国不锈钢快速发展的关键问题——不锈钢废钢和镍资源短缺,开发了以碳氮含量小于120ppm的409L为代表的一系列超纯铁素体不锈钢品种,产品进入我国车辆、家电、造币领域,并打入欧美市场。该成果获得2006年国家科学技术进步奖二等奖。

以生产高性能有色金属材料和研发高效低成本生产工艺技术为中心任务,先后研发了高合金化铝合金预拉伸板技术、大尺寸泡沫铝生产技术等,并取得显著进展。高合金化铝合金预拉伸板是我国大飞机等重大发展计划的关键材料,由于合金含量高,液固相线温度宽,铸锭尺寸大,铸造内应力高,所以极易开裂,这是制约该类合金发展的瓶颈,也是世界铝合金发展的前沿问题。与发达国家采用的技术方案不同,该高合金化铝合金预拉伸板技术利用低频电磁场的强贯穿能力,改变了结晶器内熔体的流场,显著地改变了温度场,使液穴深度明显变浅,铸造内应力大幅度降低,同时凝固组织显著细化,合金元素宏观偏析得到改善,铸锭抵抗裂纹的能力显著增强。为我国高合金化大尺寸铸锭的制备提供了高效、经济的新技术,已投入工业生产,为国防某工程提供了高质量的铸锭。该成果作为"铝资源高效利用与高性能铝材制备的理论与技术"的一部分获得了2007年的国家科学技术进步奖一等奖。大尺寸泡沫铝板材制备工艺技术是以共晶铝硅合金(含硅12.5%)为原料制造大尺寸泡沫铝材料,以A356铝合金(含硅7%)为原料制造泡沫铝材料,以工业纯铝为原料制造高韧性泡沫铝材料的工艺和技术。研究了泡沫铝材料制造过程中泡沫体的凝固机制以及生产气孔均匀、孔壁完整光滑、无裂纹泡沫铝产品的工艺条件；研究了控制泡沫铝材料密度和孔径的方法；研究了无泡层形成原因和抑制措施；研究了泡沫铝大块体中裂纹与大空腔产生原因和控制方法；研究了泡沫铝材料的性能及其影响因素等。泡沫铝材料在国防军工、轨道车辆、航空航天和城市基础建设方面具有十分重要的作用，预计国内市场年需求量在 20 万 t 以上，产值 100 亿元人民币，该成果获 2008 年辽宁省技术发明奖一等奖。

围绕最大限度地降低冶金生产过程中资源和能源的消耗，减少环境负荷，实现冶金工业的可持续发展的任务，先后研发了新型阴极结构电解槽技术、惰性阳极和低温铝电解技术和大规模低成本消纳赤泥技术。例如，冯乃祥教授的新型阴极结构电解槽的技术发明于 2008 年 9 月在重庆天泰铝业公司试验成功，并通过中国有色工业协会鉴定，节能效果显著，达到国际领先水平，被业内誉为"革命性的技术进步"。该技术已广泛应用于国内 80% 以上的电解铝厂，并获得"国家自然科学基金重点项目"和"国家高技术研究发展计划（'863'计划）重点项目"支持，该技术作为国家发展和改革委员会"高技术产业化重大专项示范工程"已在华东铝业实施 3 年，实现了系列化生产，槽平均电压为 3.72V，直流电耗 12082kW·h/t Al，吨铝平均节电 1123kW·h。目前，新型阴极结构电解槽的国际推广工作正在进行中。初步估计，在 4～5 年内，全国所有电解铝厂都能将现有电解槽改为新型电解槽，届时全国电解铝厂一年的节电量将超过我国大型水电站——葛洲坝水电站一年的发电量。

在工业生态学研究方面，陆钟武院士是我国最早开始研究的著名学者之一，因其在工业生态学领域的突出贡献获得国家光华工程大奖。他的著作《穿越"环境高山"——工业生态学研究》和《工业生态学概论》，集中反映了这些年来陆钟武院士及其科研团队在工业生态学方面的研究成果。在煤与废塑料共焦化、工业物质循环理论等方面取得长足发展；在废塑料焦化处理、新型球团竖炉与煤高温气化、高温贫氧燃烧一体化系统等方面获多项国家发明专利。

依据热力学第一、第二定律，提出钢铁企业燃料（气）系统结构优化，以及"按质用气、热值对口、梯级利用"的科学用能策略，最大限度地提高了煤气资源的能源效率、环境效率及其对企业节能减排的贡献率；确定了宝钢焦炉、高炉、转炉三种煤气资源的最佳回收利用方式和优先使用顺序，对煤气、氧气、蒸气、水等能源介质实施无人化操作、集中管控和经济运行；研究并计算了转炉煤气回收的极限值，转炉煤气的热值、回收量和转炉工序能耗均达到国际先进水平；在国内首先利用低热值纯高炉煤气进行燃气-蒸气联合循环发电。高炉煤气、焦炉煤气实现近"零"排放，为宝钢创建国家环境友好企业做出重要贡献。作为主要参与单位开发的钢铁企业副产煤气利用与减排综合技术获得了 2008 年国家科学技术进步奖二等奖。

另外，围绕冶金材料和新技术的研发及节能减排两大中心任务，在电渣冶金、电磁冶金、自蔓延冶金、新型炉外原位脱硫等方面都取得了不同程度的突破和进展。基于钙化-碳化的大规模消纳拜耳赤泥的技术，有望攻克拜耳赤泥这一世界性难题；钢焖渣水除疤循环及吸收二氧化碳技术及装备，使用钢渣循环水吸收多余二氧化碳，大大降低了钢铁工业二氧化碳的排放量。这些研究工作所取得的新方法、新工艺和新技术都会不同程度地体现在丛书中。

总体来讲，《现代冶金与材料过程工程丛书》集中展现了东北大学冶金与材料学科群体多年的学术研究成果，反映了冶金与材料工程最新的研究成果和学术思想。尤其是在"985 工程"二期建设过程中，东北大学材料与冶金学院承担了国家 I 类"现代冶金与材料过程工程科技创新平台"的建设任务，平台依托冶金工程和材料科学与工程两个国家一级重点学科、连轧过程与控制国家重点实验室、材料电磁过程教育部重点实验室、材料微结构控制教育部重点实验室、多金属共生矿生态化利用教育部重点实验室、材料先进制备技术教育部工程研究中心、特殊钢工艺与设备教育部工程研究中心、有色金属冶金过程教育部工程研究中心、国家环境与生态工业重点实验室等国家和省部级基地，通过学科方向汇聚了学科与基地的优秀人才，同时也为丛书的编撰提供了人力资源。丛书聘请中国工程院陆钟武院士和王国栋院士担任编委会学术顾问，国内知名学者担任编委，汇聚了优秀的作者队伍，其中有中国工程院院士、国务院学科评议组成员、国家杰出青年科学基金获得者、学科学术带头人等。在此，衷心感谢丛书的编委会成员、各位作者以及所有关心、支持和帮助编辑出版的同志们。

希望丛书的出版能起到积极的交流作用，能为广大冶金和材料科技工作者提供帮助。欢迎读者对丛书提出宝贵的意见和建议。

赫冀成　张廷安

2011 年 5 月

前　言

　　随着我国经济建设和科学技术的飞速发展，对钢铁材料的质量和性能提出了越来越高的要求。真空技术发展起来之后，近几十年来在钢铁冶金领域中得到了广泛的应用，时间虽短，但解决了大量常压冶金难以解决的问题，尤其在特种合金和特种钢材的熔炼方面发挥了越来越重要的作用。钢铁冶金中应用的真空技术包括真空冶炼、真空脱气和真空浇注等，而真空技术的应用也改变了冶金物理化学条件，因而出现了大量的真空冶金物化问题等待人们去研究和解决。

　　为了适应钢铁冶金领域中真空技术的快速发展，满足专业技术人员和企业管理人员学习新技术、新工艺的需要，作者在东北大学特殊钢冶金研究所多年授课的特种冶金和炉外精炼课程资料和研究成果的基础上，结合生产实践，大量参考国内外发表的文献资料，编著了这本书。

　　本书在编写过程中，力求理论性和实用性相结合，既论述了真空冶金过程的物理化学基础问题，又介绍了特种冶金和炉外精炼技术中典型的真空冶金熔炼方法、熔炼工艺和工艺参数。具体内容包括真空感应熔炼、真空电弧熔炼、VD/VOD精炼和 RH 真空精炼等冶炼技术。这种特种熔炼和常规的熔炼手段在一本书中结合是一种新的尝试，希望能为我国的冶金工作者提供更好的参考价值。

　　本书共分 6 章，第 1、2 章由梁连科撰写，第 3、4 章由龚伟和梁连科撰写，第 5、6 章由龚伟撰写，全书由龚伟统稿。

　　本书的出版得到了东北大学"985 工程"现代冶金与材料过程科技创新平台的资助。作者在撰写本书的过程中参阅了大量的相关书籍和科技论文，在此谨向文献的作者表示衷心的感谢！在成书过程中，得到了姜周华、战东平和董艳伍老师的大力帮助。文献的整理和图片修正、编辑过程中得到了庞昇、万万、郎凯旋和李涵等研究生的大力支持，在此一并感谢。

　　由于作者的知识水平和实践经验有限，书中难免有不妥之处，恳请读者批评指正。

作　者

2018 年 5 月

目　录

第1章 绪 论

1.1 真空冶金的意义和应用

1. 真空冶金的意义

第二次世界大战后，随着原子能工业、高速和宇宙飞行工业及电子技术的飞速发展，对材料提出了下列要求：①耐高温和超低温（超导）；②耐高压力；③耐强磁场（加速器）；④耐强辐射等。即需要具有高纯度和高完整性的材料。

真空下进行冶金可以达到上述要求，是由于：①金属熔池可不与空气、燃烧废气及炉渣接触，避免了沾污；②在不同坩埚中冶炼，可以避免坩埚的沾污；③真空下可更有效地排出有害杂质及气体。

2. 真空冶金的应用

真空技术重点应用在下列冶金过程中：①真空脱气和炉外精炼（RH、VOD等）；②钢液的真空浇注；③真空感应熔炼；④真空电弧炉（自耗炉）冶炼；⑤真空电子轰击炉；⑥等离子炉等。

3. 真空对 Fe-C 合金与 CO-CO_2 气体混合物之间相互作用的影响

碳和 CO-CO_2 气体混合物的反应可以表示为：

$$CO_2(g) + C(石墨) \Longrightarrow 2CO(g), \Delta G_{(1-1)}^{\ominus} = 160498 - 168.78T (\text{J} \cdot \text{mol}^{-1}) \quad (1\text{-}1)$$

$$[C] \Longrightarrow C(石墨), \Delta G_{(1-2)}^{\ominus} = -21338 + 41.84T (\text{J} \cdot \text{mol}^{-1}) \quad (1\text{-}2)$$

式（1-1）＋式（1-2）得

$$CO_2 + [C] \Longrightarrow 2CO(g), \Delta G_{(1-3)}^{\ominus} = \Delta G_{(1-1)}^{\ominus} + \Delta G_{(1-2)}^{\ominus} = 139160 - 126.94T (\text{J} \cdot \text{mol}^{-1})$$

$$(1\text{-}3)$$

（1）当 $T = 1600℃$（1873 K）时，

$$\Delta G_{(1-3)}^{\ominus} = 139160 - 126.94 \times 1873 = -98598.62 (\text{J} \cdot \text{mol}^{-1})$$

（2）又因为 $\Delta G^{\ominus}_{(1-3)} = -RT\ln K_3 = -8.314 \times 2.303T\lg K_3 = -19.15T\lg K_3$，所以有

$$\lg K_{(1-3)} = \frac{-98598.62}{19.15 \times 1873} = 2.75$$

计算可得

$$K_{(1-3)} = 562$$

（3）对反应式（1-3）而言，$K_{(1-3)}$ 等于式（1-4），即

$$K_{(1-3)} = \frac{p_{CO}^2}{p_{CO_2}} \cdot \frac{1}{a_C} \tag{1-4}$$

以下用式（1-4）求 a_C 的值。

设液态铁中碳的质量分数为 $w[C]_\% = 0.2$，则有

$$a_C = f_C w[C]_\%$$

因为 Fe-C 二元熔体中，碳的活度系数 f_C 为 $\lg f_C = e_C^C w[C]_\%$，又因为铁液中碳活度的相互作用系数 $e_C^C = 0.21$，所以

$$\lg f_C = 0.21 \times 0.2 = 0.042$$

因此有 $f_C = 1.1$，可见

$$a_C = f_C w[C]_\% = 1.1 \times 0.2 = 0.22$$

（4）求 p_{CO}^2 / p_{CO_2} 的值。

$$p_{CO}^2 / p_{CO_2} = K_{(1-3)} \cdot a_C = 562 \times 0.22 = 123.64 \tag{1-5}$$

（5）当气体混合物的总压强为 100 kPa 时，即

$$p_{CO} + p_{CO_2} = 100 \text{ kPa}$$

根据式（1-5），用试算法求得

$$p_{CO} = 99200 \text{ Pa}; \quad p_{CO_2} = 800 \text{ Pa}$$

（6）真空对反应式（1-3）平衡态或 a_C 的影响。

当使炉内的真空度为 100 Pa 时，气氛中 CO 和 CO_2 的分压分别为

$$p_{CO} = 0.992 \times 10^{-3} \times 1 \times 10^5 \text{ Pa} = 99.2 \text{ Pa}$$

$$p_{CO_2} = 0.008 \times 10^{-3} \times 1 \times 10^5 \text{ Pa} = 0.8 \text{ Pa}$$

因为标准生成自由能 $\Delta G^{\ominus}$ 及平衡常数 K 与压强无关，只是温度 T 的函数。这样，在 1600℃下，据上文计算得

$$K_{(1-3)}^{1600} = 562$$

这样，

$$K_{(1\text{-}3)} = \frac{(p_{CO}/p^{\ominus})^2}{p_{CO_2}/p^{\ominus}} \cdot \frac{1}{a_C}$$

此时，在 1600℃ 和真空度为 100 Pa 时反应式（1-3）平衡时的 a_C 为

$$a_C = \frac{(p_{CO}/p^{\ominus})^2}{p_{CO_2}p^{\ominus}} \cdot \frac{1}{K_{(1\text{-}3)}^{1600}} = \frac{(99.2/1\times10^5)^2}{0.8/1\times10^5} \cdot \frac{1}{562} = 0.22\times10^{-5}$$

比较可见：在 1600℃，当体系总压为 100 kPa 时，$a_C = 0.22$；在 1600℃，当体系总压为 100 Pa 时，$a_C = 0.22\times10^{-5}$。

因此，真空可以降低 Fe-C 中碳的平衡浓度，即平衡向降低 a_C 的方向或向增加气态反应产物物质的量的方向移动。

1.2 真空下化学反应的特点

设化学反应为：

$$MeO + X \xrightarrow{\quad\quad} Me + XO \tag{1-6}$$

式中，MeO——金属氧化物；

X——还原剂；

Me——金属；

XO——氧化物。

判定上述反应的可能性方向用等温方程式，即

$$\Delta G = \Delta G^{\ominus} + RT\ln Q_a$$

当 $\Delta G = 0$ 时，反应处于平衡状态；$\Delta G<0$ 时，反应向右进行；$\Delta G>0$ 时，反应向左进行。

在真空条件下的规律和特点如下。

当 $Q_a \neq 1$，即 $Q_a = \dfrac{a_{XO} \cdot a_{Me}}{a_{MeO} \cdot a_X} \neq 1$ 时，下面对式（1-6）进行具体讨论。

1. 当 XO 为气相，而 MeO、X 和 Me 均为凝聚相时（固相或液相）

当 XO 为气相，而 MeO、X 和 Me 均为凝聚相时（固相或液相），式（1-6）可改写为

$$MeO + X \stackrel{}{=\!=\!=} Me + XO(g), \Delta G = \Delta G^{\ominus} + RT\ln(p_{XO}/p^{\ominus})$$

可见压强 p_{XO} 对系统平衡有影响，原因如下。

由相律可知，$f = k - \Phi + n$。

因为 $k = 3$（三个组元），$\Phi = 4$（四个相），$n = 2$（两个作用因数），所以 $f = 3 - 4 + 2 = 1$。

这表明在一定 p_{XO} 下，便有一个特定的平衡温度 T；或在一定温度下，便有一个特定平衡压强 p_{XO}。因此，p_{XO} 对平衡有影响，即真空对反应平衡有影响。

例如，C 还原 FeO 的反应

$$FeO + C \stackrel{}{=\!=\!=} Fe + CO(g) \tag{1-7}$$

（1）当 $p_{CO} = p_{XO} = 100\ kPa$ 时，

$$\Delta G^{\ominus}_{(1-7)} = 147904 - 150.21T(J \cdot mol^{-1})$$

平衡温度为 $\Delta G^{\ominus}_{(1-7)} = 0$ 时，即

$$T_{平衡,2} = 147904 \div 150.21 = 985(K) = 712(℃)$$

（2）当 $p_{CO} = 10\ kPa$ 时（抽真空），

$$CO(100\ kPa) \stackrel{}{=\!=\!=} CO(10\ kPa) \tag{1-8}$$

$$\Delta G_{(1-8)} = RT\ln\left[\frac{10 \times 10^3/(1 \times 10^5)^2}{100 \times 10^3/(1 \times 10^5)}\right] = -8.314 \times 2.303T\lg(0.1/1)$$

式（1-7）+ 式（1-8）得

$$FeO + C \stackrel{}{=\!=\!=} Fe + CO(100\ kPa), \Delta G^{\ominus}_2$$

$$\underline{+) \qquad CO(100\ kPa) \stackrel{}{=\!=\!=} CO(10\ kPa), \Delta G_3}$$

$$FeO + C \stackrel{}{=\!=\!=} Fe + CO(10\ kPa), \Delta G_{(1-9)} = \Delta G^{\ominus}_2 + \Delta G_3 = 147904 - 169.36T$$

$$\tag{1-9}$$

平衡温度为 $\Delta G_{(1-9)} = 0$ 时，即

$$T_{平衡,4} = 147904 \div 169.36 = 873(K) = 600(℃)$$

可见，当体系中气相压强由 100 kPa 降至 10 kPa 时，其平衡温度由 712℃ 降至 600℃。而且，真空度越高其平衡（开始反应）温度越低。

2. 当 XO 和 Me 均为气相时

例如，用 C 还原 MgO，讨论真空对该反应的影响。

当还原温度在 Mg 的沸点（Mg 的熔点 650℃，沸点 1105℃）以上时，MgO(s) 被 C(s) 还原的反应可表示为

$$MgO(s) + C(s) \Longrightarrow Mg(g) + CO(g)$$

因为

$$MgO(s) \Longrightarrow Mg(g) + 1/2O_2(g), \ \Delta G^{\ominus}_{(1\text{-}10)} = 731154 - 205.39T \quad (1\text{-}10)$$

$$C + 1/2O_2(g) \Longrightarrow CO(g), \ \Delta G^{\ominus}_{(1\text{-}11)} = -117989 - 84.35T \quad (1\text{-}11)$$

式（1-10）＋式（1-11）可得

$$MgO(s) + C(s) \Longrightarrow Mg(g) + CO(g),$$

$$\Delta G^{\ominus}_{(1\text{-}12)} = \Delta G^{\ominus}_{(1\text{-}10)} + \Delta G^{\ominus}_{(1\text{-}11)} = (731154 - 205.39T) + (-117989 - 84.35T) \quad (1\text{-}12)$$

所以，有

$$\Delta G^{\ominus}_{(1\text{-}12)} = 613165 - 289.74T$$

讨论：

（1）当 $p_{Mg} = p_{CO} = 100 \text{ kPa}$ 时，此反应的平衡温度（开始还原温度）由 $\Delta G^{\ominus}_{(1\text{-}12)} = 0$，即 $613165 - 289.74T = 0$ 计算，因此，

$$T_{开始} = 613165 \div 289.74 = 2116(K) = 1843(℃)$$

（2）当 p_{Mg} 和 p_{CO} 均降至 1 kPa 时，

$$\begin{aligned}
\Delta G_{(1\text{-}12)} &= \Delta G^{\ominus}_{(1\text{-}12)} + RT\ln(p_{Mg}/p^{\ominus}) \cdot (p_{CO}/p^{\ominus}) \\
&= \Delta G^{\ominus}_{(1\text{-}12)} + RT\ln[1 \times 10^3/(1 \times 10^5)] \times [1 \times 10^3/(1 \times 10^5)] \\
&= (613165 - 289.74T) + 19.15T\lg(0.01 \times 0.01) \\
&= (613165 - 289.74T) - 76.6T
\end{aligned}$$

因此，

$$\Delta G_{(1\text{-}12)} = 613165 - 366.34T$$

那么，当 $\Delta G^{\ominus}_{(1\text{-}12)} = 0$ 时，开始反应温度为

$$T_{开始} = 613165 \div 366.34 = 1674(K) = 1401(℃)$$

由此可见，随着压强的降低，开始反应温度下降。即采用真空可以促进此类反应在较低温度下进行。此时真空不但是热力学因素，而且也是一个动力学因素（加速反应的进行）。

3. 当 XO 和 X 均为气相时

$$MeO + X(g) \Longrightarrow Me + XO(g)$$

$$K_p = (p_{XO}/p^{\ominus})/(p_X/p^{\ominus})$$

（1）当 X 和 XO 的化学计量 n 相等时，则压强对平衡无影响，原因是

$$f = k - \Phi + n = 3 - 4 + 2 = 1$$

这表明，一定的温度对应一定的平衡气相组成 $c(XO)/c(X)$。

（2）当 X 和 XO 的化学计量 n 不相等时，真空对反应有影响，其特点为：①$n_X > n_{XO}$ 时，提高真空度，反应向左进行；②$n_X < n_{XO}$ 时，提高真空度，反应向右进行。

第2章　真空冶金过程的物理化学

2.1　真空冶金对碳还原固体金属氧化物能力的影响

2.1.1　碳作为还原剂的优点和缺点

碳作为还原剂的优点有：①碳成本低，来源广泛、易于获取；②可以节约大量的金属还原剂 Al、Si 等；③还原产物是气体 CO，与金属易分离，又不沾污金属；④当采用真空后，可使 C-O 间的亲和力增加，使碳的还原能力大大提高，可得到含碳量低的金属或合金。缺点有：对还原的金属有渗碳作用，难以得到超低碳的金属和合金。

2.1.2　以碳还原 V_2O_3 为例

（1）在常压（$p_{CO} = 100$ kPa）下，C-V-O 体系中有两个反应。

（a）$V_2O_3 + 3C \Longrightarrow 2V + 3CO(g)$，$\Delta G_{(2-1)}^{\ominus} = 898096 - 487.65T(J \cdot mol^{-1})$（2-1）

又因为

$$\Delta G_{(2-1)}^{\ominus} = -RT\ln K_1 = -RT\ln(p_{CO}/p^{\ominus})^3 = -3 \times 19.15T\lg(p_{CO}/p^{\ominus})$$

所以，有

$$898096 - 487.65T = -3 \times 19.15T\lg(p_{CO}/p^{\ominus})$$

即

$$\lg(p_{CO}/p^{\ominus}) = \frac{898096 - 487.65T}{-3 \times 19.15T} = -\frac{15633}{T} + 8.488$$

反应式（2-1）的两个产物是"金属 V"和"气体 CO"。

（b）$V_2O_3 + 5C \Longrightarrow 2VC + 3CO(g)$，$\Delta G_{(2-2)}^{\ominus} = 663792 - 474.26T(J \cdot mol^{-1})$

$$(2-2)$$

同理

$$\Delta G_{(2-2)}^{\ominus} = -RT\ln(p_{CO}/p^{\ominus})^3 = 663792 - 474.26T$$

则

$$\lg(p_{CO}/p^{\ominus}) = \frac{663792 - 474.26T}{-3 \times 19.15T} = -\frac{11554}{T} + 8.26$$

反应式（2-2）的产物为"VC"和"CO"。

为得到金属 V，反应体系内希望获得反应式（2-1），而不希望有反应式（2-2）的发生。那么，从热力学的角度看，能否实现呢？

（2）比较反应式（2-1）、反应式（2-2）的开始反应温度 $T_{开始}$。

当在 $p_{CO} = 100$ kPa 时，令 $\Delta G^{\ominus}_{(2-1)} = 0$，$T^{(1)}_{开始} = \dfrac{898096}{487.65} = 1842(K) = 1569(℃)$。

同理，令 $\Delta G^{\ominus}_{(2-2)} = 0$，$T^{(2)}_{开始} = \dfrac{663792}{474.26} = 1400(K) \approx 1127(℃)$。

由此可见，当用 C 还原 V_2O_3 时，在 1127℃ 下就可还原生成 VC；当温度升至 1569℃ 时，才开始还原生成金属 V，而不产生 VC。

计算结果讨论：①在体系温度低于 1127℃ 时，用 C 不能还原 V_2O_3。即反应式（2-1）和反应式（2-2）均不能向还原方向进行；②在体系温度为 1127～1569℃ 范围内，反应式（2-2）可以向右进行，生成 VC；③当体系温度达到和高于 1569℃ 时，反应式（2-1）才开始进行，生成金属 V。

（3）真空对反应式（2-1）和反应式（2-2）的影响。

（a）当体系处于真空下，使 $p_{CO} = 1$ kPa 时，引起的自由能变化为

$$\Delta G = RT\ln(p_{CO}/p^{\ominus})^3 = 19.15T\lg[1 \times 10^3/(1 \times 10^5)]^3 = 19.15T \times (10^{-2})^3 = -114.9T$$

$\Delta G^{\ominus}_{(2-1)} + \Delta G$ 时，因为

$$\Delta G_{(2-1)} = \Delta G^{\ominus}_{(2-1)} + RT\ln(p_{CO}/p^{\ominus})^3 = \Delta G^{\ominus}_{(2-1)} + \Delta G$$

所以

$$\Delta G_{(2-1)} = \Delta G^{\ominus}_{(2-1)} + \Delta G = (898096 - 487.65T) + (-114.9T)$$
$$= 898096 - 602.55T$$

$\Delta G^{\ominus}_{(2-2)} + \Delta G$ 时，

$$\Delta G_{(2-2)} = \Delta G^{\ominus}_{(2-2)} + \Delta G = (663792 - 474.26T) + (-114.9T)$$
$$= 663792 - 589.16T$$

在 $p_{CO} = 1$ kPa 下，反应式（2-1）和反应式（2-2）开始反应的温度：

$$T^{(1)}_{开始} = 1490(K) = 1217(℃)$$

$$T^{(2)}_{开始} = 1127(K) = 854(℃)$$

可见，随着 p_{CO} 的下降，开始反应温度 $T_{开始}$ 随之下降。

（b）金属 V 的制备条件。实际上，反应生成的 VC 在真空下具有还原性，而且 V_2O_3 经歧化反应可以生成 VO。VC 和 VO 有下列反应：

$$VO(s) + VC(s) \Longrightarrow 2\,V(s) + CO(g), \Delta G_{(2\text{-}3)}^{\ominus} = 443504 - 169T(\text{J} \cdot \text{mol}^{-1}) \quad (2\text{-}3)$$

$$T_{\text{开始}}^{(3)} = \frac{443504}{169} = 2624(\text{K}) = 2351(\text{℃})$$

那么如何实现在较低温度下反应式（2-3）向右进行呢？最直接的办法就是提高真空度。

举例说明：当在 1450℃下，计算反应式（2-3）开始进行的 p_{CO}。

因为

$$\Delta G_{(2\text{-}3)}^{\ominus} = -RT\ln K_{\text{p}} = -RT\ln(p_{\text{CO}}/p^{\ominus}) = 443504 - 169T$$

当 $T = 1450 + 273 = 1723$（K）时，

$$\Delta G_{(2\text{-}3)}^{\ominus} = 443504 - 1723 \times 169 = 152317$$

又因为

$$\Delta G_{(2\text{-}3)}^{\ominus} = -RT\ln(p_{\text{CO}}/p^{\ominus}) = -19.15 \times 1723\lg(p_{\text{CO}}/p^{\ominus}) = 152317$$

所以

$$\lg(p_{\text{CO}}/p^{\ominus}) = 152317 \div (-19.15 \times 1723) = -4.62$$

可得

$$p_{\text{CO}}/p^{\ominus} = 2.4 \times 10^{-5}$$

因此

$$p_{\text{CO}} = 2.4 \times 10^{-5} \times p^{\ominus} = 2.4 \times 10^{-5} \times 10^{5} = 2.4(\text{Pa})$$

为了在较低的温度下（如 1450℃）制备得到金属钒（V），可用提高真空度（炉内压强<2.4Pa）的方法来实现。

生产实践证明，对 C-V$_2$O$_3$ 体系，用 C 还原 V$_2$O$_3$ 时，只有温度控制在 1127～1569℃之间，选择适当的真空度才可以制备出纯度很高的金属 V，例如，在 1450℃下，提高真空度（炉内压强<2.4Pa）即可。

2.2　真空下金属熔体的脱氧

在钢和其他合金的熔炼过程中，为了获得低氧的材料通常采用脱氧的措施。例如，加入脱氧剂 Si、Al、Zr 等，由于它们与氧亲和力大，会生成氧化物，并且它们在铁液中不易溶解，而上浮排入渣中。但在金属冷却过程中，这种脱氧作用还要发生，生成的氧化物来不及上浮而存在于金属中，这样得到完全脱氧的金属在理论上是不可能的。

如果脱氧产物是气体或易挥发的物质，如采用真空技术脱氧，可以促使金属熔体更加完全的脱氧。

2.2.1　铁中氧的活度

（1）Садаин 认为，铁中的氧在达到饱和前，其活度不服从亨利定律。

（2）Floxidis 和 Chipmana 证实，氧在铁液中的浓度将影响其活度系数，并证明在铁液中氧的活度系数 f_O 与其浓度 $w[O]_\%$ 关系如下

$$\lg f_O = -0.20 \times w[O]_\%$$

即

$$e_O^O = -0.20$$

（3）铁液中第三种元素 j 对氧活度的相互作用系数 e_O^j 的影响如表 2-1 所示。

表 2-1 　 e_O^j 数值

元素 j	e_O^j	元素 j	e_O^j
W	+0.0085	P	−0.038/−0.044/+0.004*
Co	+0.007/+0.009*	Ti	−0.187
Ni	+0.006/+0.005*	V	−0.27
Pt	+0.0045	Mn	−0.44
Mo	+0.0035	Cr	−0.041/−0.047*
Au	−0.005	C	−0.436/−0.45*
Cu	−0.0095	Al	−1.0
Si	−0.02	O	−0.2

* 不同的研究者给出了不同的值

2.2.2　用氢脱氧

$$H_2(g) + [O] \Longrightarrow H_2O(g) \tag{2-4}$$

图 2-1 给出了氢脱氧的示意图，在 1600℃下测得反应（2-4）的平衡常数（$p = 100$ kPa 时）：

$$K_{1600} = \left(\frac{p_{H_2O} / p^\ominus}{p_{H_2} / p^\ominus} \right) \times \frac{1}{f_O \cdot w[O]_\%} = 3.22$$

可见，在一定温度下，K 为常数。这样当给定 (p_{H_2O}/p_{H_2})，就有对应的 $(f_O \cdot w[O]_\%)$，即 a_O 值。反之，给定 a_O 值就可以计算出所需要的 p_{H_2O}/p_{H_2} 比值。

讨论：真空对此反应平衡的影响。

当启动真空系统，可使 $\Sigma p = (n_{H_2O} \cdot p_{H_2O} + n_{H_2} \cdot p_{H_2})$ 降低，因为 $n_{H_2O} = n_{H_2}$，则 p_{H_2O}/p_{H_2} 不变，所以真空对 H_2 脱氧反应平衡无影响。

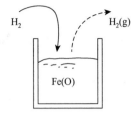

图 2-1　氢脱氧平衡示意图

但真空下可以去除氢脱氧后残存的氢。例如，在真空下可使 Fe、Ni 和 Co 金属中氢的质量分数降至 0.005% 以下。

2.2.3　当脱氧产物具有挥发性

Самарин 实验指出：在无碳又无任何脱氧剂，铁液在真空下进行处理时，可以发生脱氧作用。分析认为是由于有铁的低价氧化物挥发所致，即 Fe_xO（$x<1$）挥发脱氧。在 1600℃ 下，被氧饱和的铁液中，Fe_xO 的蒸气压约为 $p_{Fe_xO} \approx 26.7$ Pa。

他还计算了在真空中熔炼硅质量分数为 4% 的变压器硅钢时，有 SiO 挥发而脱氧。

那么挥发脱氧有什么规律性呢？

1958 年，Smith 提出金属的氧化物 MeO 与金属 Me 共存时，由于歧化反应生成蒸气压大的低价氧化物。再由 Me/MeO 蒸气压比 p_{MeO}/p_{Me} 来判定挥发脱氧的可能性。

当 $p_{MeO}/p_{Me} < 1$ 时，不能发生挥发脱氧。这是因为当 $p_{Me} > p_{MeO}$ 时，在真空下，金属优先挥发损失了，所以不发生脱氧反应。

当 $p_{MeO}/p_{Me} > 1$ 时，则有挥发脱氧的可能。

Smith 计算了不同金属（Me）的 p_{MeO}/p_{Me} 值，如表 2-2 所示。

表 2-2　2000 K 下不同金属（Me）的 p_{MeO}/p_{Me} 值

分类	MeO/Me	p_{MeO}/p_{Me}	分类	MeO/Me	p_{MeO}/p_{Me}
真空下不可能挥发脱氧	NiO/Ni	10^{-7}	真空下可挥发脱氧	NbO/Nb	10
	FeO/Fe	10^{-6}		BO/B	10^2
	MnO/Mn	10^{-5}		WO/W	10^2
	CrO/Cr	10^{-4}		ZrO/Zr	10^2
	BeO/Be	10^{-2}		ThO/Th	10^3
	VO/V	10^{-2}		HfO/Hf	10^4
真空下可挥发脱氧	TiO/Ti	1		TaO/Ta	10^4
	MoO/Mo	$10^{3.16}$		YO/Y	10^5

2.2.4 真空下碳脱氧反应

碳脱氧反应：

$$[C] + [O] \rightleftharpoons CO(g) \qquad (2\text{-}5)$$

平衡常数为

$$K = (p_{CO}/p^{\ominus})/(a_C \cdot a_O) = (p_{CO}/p^{\ominus})/[(f_C \cdot w[C]_{\%}) \cdot (f_O \cdot w[O]_{\%})] \quad (2\text{-}6)$$

在铁液中上述反应的 $K = f(T)$ 关系，不同的研究人员给出的公式不同：①邹元爔于 1958 年提出：$\lg K = 548/T + 2.352$；②Подяков、Самарин 和徐曾基于 1957 年提出：$\lg K = 2975/T + 1.06$；③万谷志郎和的场幸雄于 1962 年提出：$\lg K = 1160/T + 2.00$。

当 $T = 1600℃$ 时，三个公式的 $\lg K$ 分别为 2.645、2.648 和 2.619。可见，其结果基本相近。

利用式（2-6）进行热力学计算时，必须知道 f_C 和 f_O，任取一个计算式求得 K 值即可。

$$\lg f_C = e_C^C w[C]_{\%} + \Sigma e_C^j w[j]_{\%}$$

$$\lg f_O = e_O^O w[O]_{\%} + \Sigma e_O^j w[j]_{\%}$$

e_O^j 值见表 2-1，e_C^j 值见表 2-3。

表 2-3　e_C^j 数据

元素 j	e_C^j	元素 j	e_C^j	元素 j	e_C^j
C	+0.298（1961 年）	Ni	+0.012	Ti	−0.016
	+0.23（1953 年）	Sn	0.00	Zr	−0.021
	+0.20（1956 年）	Mn	−0.002	Cr	−0.024
S	+0.09	W	−0.003	V	−0.038
Si	+0.088	Mo	−0.003	Nb	−0.060
Cu	+0.016		−0.009	O	−0.327（1961 年）
Co	+0.012				−0.36（1956 年）

注：e_C^C 值建议取 Самарин（1956 年）的数据（+0.20）

对于反应式（2-5）

$$K = (p_{CO}/p^{\ominus})/(a_C \cdot a_O) = (p_{CO}/p^{\ominus})/[(f_C \cdot w[C]_{\%}) \cdot (f_O \cdot w[O]_{\%})]$$

所以

$$p_{CO} / p^{\ominus} = K \cdot a_C \cdot a_O$$
$$= K \cdot f_C \cdot f_O \cdot w[C]_{\%} \cdot w[O]_{\%}$$

令 $m = K \cdot f_C \cdot f_O$，则

$$p_{CO} / p^{\ominus} = m \cdot a_C \cdot a_O$$

启动真空泵后，炉内 p_{CO} 降低，$w[C]_{\%} \cdot w[O]_{\%}$ 同时降低，即真空可使碳的脱氧能力提高。

实验证明，当气相压强降低至 10 kPa 时，碳的脱氧能力将超过 Si；当气相压强降低至 133.3 Pa 时，碳的脱氧能力将超过 Al。

2.2.5　真空下金属元素的脱氧能力

在普通钢及合金钢熔炼时，金属熔池中往往含有 Mn、Nb、Cr、Zr、Ti 和 Al 等合金元素，这些元素对铁液而言，在一定的温度下都具有一定的脱氧能力。

那么，这些金属元素的脱氧能力与真空是否有关呢？

（1）从上面分析讨论中已知，如果金属元素的氧化物在一定温度下是气体状态，那么，随着真空度的增加，其脱氧能力增大。

（2）当其氧化物在任何情况下均不是气体（既不挥发也不升华），那么真空则对这种金属的脱氧能力无影响。

（3）如果金属元素和氧化物在一定温度下均挥发，而且反应式中其分子数又相等时，那么真空对其无影响。

（4）当氧化物的蒸气压比金属大时，真空对脱氧反应有利。

总之，对于反应

$$[Me] + [O] \Longrightarrow (MeO)$$

$p_{Me} \gg p_{MeO}$，真空不利于脱氧的进行，即反应向左进行，增氧；

$p_{Me} \ll p_{MeO}$，真空有利于脱氧；

$p_{Me} = p_{MeO}$ 且趋近于 0 时，真空对脱氧无影响。

由此可见，金属元素与其氧化物的蒸气压之比决定了真空对其脱氧能力的影响。

结合表 2-2 的数据，可得如下结论：

（1）用电子束炉真空熔炼含 Nb 的合金时发现，其 Nb 的挥发脱氧能力有很大提高，约为碳的 4 倍，成为主要的脱氧手段。

（2）在 Mn-Ti 合金中，想用真空进一步脱氧使其[O]达到足够低的程度是行不通的；因为 MnO/Mn $= 10^{-5}$，而 TiO/Ti $= 1$。

（3）在 Nb-Zr 合金中，Zr 质量分数约为 1%，在真空下用电子束炉熔炼时，Zr 几乎完全挥发而损失了，这是因为 $p_{ZrO} > p_{NbO}$。

2.3　真空下钢液的脱气

2.3.1　气体在金属中的溶解和溶解度

气体的来源包括：炉气、炉料中产生的气体和冶炼中产生的气体。

钢及其他金属中主要的气体杂质是氧气、氮气和氢气。氧是很活泼的元素，多以氧化物的形式存在，因此其多以氧化反应生成化合物而被排除。这里的脱气主要是指脱氮气和氢气。

氮气在金属中的溶解度：在 1600℃，$p_i = 100$ kPa 条件下，N 在 Fe 中，溶解度为 0.042%；N 在 Ni 中，溶解度为 0.001%；N 在 Co 中，不溶。

氢气在金属中的溶解度：在 1600℃，$p_i = 100$ kPa 条件下，H 在 Fe 中，溶解度为 0.00268%；H 在 Ni 中，溶解度为 0.00382%；H 在 Co 中，溶解度为 0.00209%；H 在 Cr 中，溶解度为 0.0064%（1903℃）。

2.3.2　气体在金属和合金中的溶解形式和规律

1. 气体在金属中的存在形式

实验证明，双原子气体分子均以原子状态溶入金属中。

实验方法，作 p_i-S_i 关系（S_i 为溶解度），其中 p_i 为 i 气体的分压；S_i 为 i 气体的溶解度。

如果为反应式（2-7）：

$$X_2(g) = [X_2] \qquad\qquad (2\text{-}7)$$

则有

$$K_{(2\text{-}7)} = \frac{[X_2]}{p_{X_2} / p^{\ominus}}$$

如果为反应式（2-8）：

$$X_2(g) = 2[X] \quad 或 \quad 1/2X_2(g) = [X] \qquad (2\text{-}8)$$

则有

$$K_{(2\text{-}8)} = \frac{[X]}{(p_X / p^{\ominus})^{1/2}}$$

在一定温度下，$K_{(2\text{-}8)}$ 为常数。实验证明，$K_{(2\text{-}8)} = \dfrac{[X]}{(p_X / p^{\ominus})^{1/2}}$ 是正确的。

2. 气体在金属中的溶解度规律

实验证明，气体在金属中的溶解服从 Sievert 定律，即在一定温度下，双原子气体在金属中的溶解度 S_i 与气相中该气体组元 i 的分压 p_i 的平方根成正比：

$$S_i = k\sqrt{p_i / p^{\ominus}}$$

3. 铁液中 H_2 和 N_2 的溶解过程

（1）Fe 有三种晶体结构，分别为 α-Fe、γ-Fe 和 δ-Fe。它们的晶型不同。

α-Fe、δ-Fe 为体心立方，体密度大；γ-Fe 为面心立方，体密度小（体内有一穴位）。因此气体在其中的溶解度不同，如图 2-2 所示。

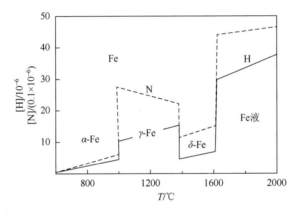

图 2-2 不同温度下 H_2 和 N_2 在 Fe 中的溶解度

从图 2-2 中可以看出：在 α-Fe 和 δ-Fe 中，H_2 和 N_2 的溶解度小，而在 γ-Fe 中其溶解度大。

另外，随着温度的升高，各同质异型结构中，H_2 和 N_2 的溶解度均增加。

（2）H_2 在 Fe 液中的溶解过程：

$$1/2H_2(g) \Longrightarrow [H]_{Fe}$$

此反应的平衡常数实际测得

$$K_H = \frac{a_H}{(p_{H_2} / p^{\ominus})^{1/2}} ; \quad \lg K_H = -\frac{1670}{T} - 1.68 \,(\text{J} \cdot \text{mol}^{-1})$$

由于 H_2 在 Fe 中的溶解度较小，可以认为 $w[H]_\% = a_H$。则

$$w[H]_\% = K_H \sqrt{p_{H_2} / p^{\ominus}}$$

J. Busch 等测得：在 1600℃时，$p_{H_2} = 100$ kPa 下，$w[H]_\% = 0.00268$。

（3）Fe 液中 N_2 的溶解过程可表示为

$$1/2N_2(g) \Longrightarrow [N]_{Fe}$$

实验测得

$$K_N = \frac{a_N}{(p_{N_2}/p^{\ominus})^{1/2}}$$

$$a_N = K_N \sqrt{p_{N_2}/p^{\ominus}}$$

$$\lg K_N = -\frac{188}{T} - 1.246$$

V. C. Kashyap 和 N. Parlee 测得，N_2 在 Fe 液中的溶解度：在 1600℃时，$p_N = 100$ kPa 下，$w[N]_\% = 0.042\%$。

2.3.3　钢液与水蒸气的平衡——钢的氧化与渗氢

1. 水蒸气与钢液的平衡反应

该平衡反应为

$$H_2O(g) \Longrightarrow 2[H]_{ppm} + [O]_\% \tag{2-9}$$

式中，$[H]_{ppm}$——以质量浓度（10^{-6}）计；

　　　$[O]_\%$——以质量浓度（10^{-2}）计。

可以用组合法求解 $\Delta G^{\ominus}_{(2-9)}$。

因为

$$H_2(g) + 1/2O_2(g) \Longrightarrow H_2O(g), \Delta G^{\ominus}_{(2-10)} = -246438 + 54.81T(J \cdot mol^{-1}) \tag{2-10}$$

$$1/2O_2(g) \Longrightarrow [O], \Delta G^{\ominus}_{(2-11)} = -117152 - 2.89T(J \cdot mol^{-1}) \tag{2-11}$$

$$1/2H_2(g) \Longrightarrow [H], \Delta G^{\ominus}_{(2-12)} = 38484 - 46.11T(J \cdot mol^{-1}) \tag{2-12}$$

式（2-11）＋式（2-12）×2–式（2-10）即得反应式（2-9）。

$$\Delta G^{\ominus}_{(2-9)} = \Delta G^{\ominus}_{(2-11)} + 2 \times \Delta G^{\ominus}_{(2-12)} - \Delta G^{\ominus}_{(2-10)}$$

$$= 202255 - 151.42T(J \cdot mol^{-1})$$

当 $T = 1600℃$（1873 K）时，有

$$\Delta G^{\ominus}_{(2-9)} = 202255 - 151.42 \times 1873 = -81354.66(J \cdot mol^{-1})$$

在 1600℃下，$\Delta G^{\ominus}_{(2-9)} = -RT\ln K = -19.15 \times 1873 \lg K$

$$\lg K = \frac{81354.66}{19.15 \times 1873} = 2.27$$

$$K = 186$$

又因为

$$K = \frac{w[\mathrm{H}]^2_{\mathrm{ppm}} w[\mathrm{O}]_\%}{p_{\mathrm{H_2O}} / p^\ominus}$$

则　　$[\mathrm{H}]_{\mathrm{ppm}} = \sqrt{\dfrac{K \cdot (p_{\mathrm{H_2O}} / p^\ominus)}{w[\mathrm{O}]_\%}} = \sqrt{\dfrac{186 \cdot (p_{\mathrm{H_2O}} / p^\ominus)}{w[\mathrm{O}]_\%}} = 13.6 \sqrt{\dfrac{p_{\mathrm{H_2O}} / p^\ominus}{w[\mathrm{O}]_\%}}$

$$w[\mathrm{H}]_{\mathrm{ppm}} = 13.6 \sqrt{\frac{p_{\mathrm{H_2O}} / p^\ominus}{w[\mathrm{O}]_\%}} \qquad (2\text{-}13)$$

由此可见，炉气（或周围气氛）中 $p_{\mathrm{H_2O}}$ 越大，钢液中氢的质量分数越高。

【例 2-1】　用氧质量分数为 0.05%，氢质量分数为 0.0005% 的原料在感应炉（真空）内，于 1600℃，真空度为 5000 Pa 下炼钢，此时，处于雨季，炉子内外很潮湿，当气氛中 $p_{\mathrm{H_2O}} = 5000$ Pa 时，炼出的钢是增氢还是脱氢？

解　由式（2-13）可知：

$$w[\mathrm{H}]_{\text{熔炼后平衡（ppm）}} = 13.6 \sqrt{\frac{p_{\mathrm{H_2O}} / p^\ominus}{w[\mathrm{O}]_\%}}$$

已知，真空度 $p_i = p_{\mathrm{H_2O}} = 5000$ Pa，又知 $w[\mathrm{O}]_\% = 0.05$，

$$w[\mathrm{H}]_{\mathrm{ppm}} = 13.6 \sqrt{\frac{5000/(1 \times 10^5)}{0.05}} = 13.6\mathrm{ppm} = 0.00136\%$$

因此，$w[\mathrm{H}]_{\text{原料含氢}} = 0.0005\% < [\mathrm{H}]_{\text{熔炼后平衡}} = 0.00136\%$，即可增氢。

【例 2-2】　在 1600℃ 下，进行真空感应炉熔炼时，当真空度为 1.0 Pa，并设此时炉内气氛中剩余气体全部是水蒸气时，即 $p_{\mathrm{H_2O}} = 1$ Pa，此时是增氢还是脱氢？（其他条件同【例 2-1】）

　　解

$$w[\mathrm{H}]_{\text{熔炼后}} = 13.6 \sqrt{\frac{p_{\mathrm{H_2O}} / p^\ominus}{w[\mathrm{O}]_\%}} = 13.6 \sqrt{\frac{1/(1 \times 10^5)}{0.05}} = 0.19\mathrm{ppm} = 0.000019\%$$

因此，$w[\mathrm{H}]_{\text{原料含氢}} = 0.0005\% > [\mathrm{H}]_{\text{熔炼后}} = 0.000019\%$，即可脱氢。

真空度的影响为：真空度高时（1.0 Pa），脱氢；真空度低时（5000 Pa），增氢。

2. 钢液与湿空气间的反应

湿空气是指大气中既有 $\mathrm{H_2O(g)}$，又有 $\mathrm{O_2(g)}$ 和 $\mathrm{N_2(g)}$，此时钢液和湿空气间的反应式可表示为

$$\mathrm{H_2O(g)} =\!\!= 2[\mathrm{H}]_{\mathrm{ppm}} + 1/2\mathrm{O_2(g)} \qquad (2\text{-}14)$$

$$H_2O(g) \Longrightarrow 2[H](g) + 1/2O_2(g), \Delta G_{2\text{-}15}^{\ominus} = -246438 - 54.81T(\text{J} \cdot \text{mol}^{-1}) \quad (2\text{-}15)$$

$$1/2H_2(g) \Longrightarrow [H], \Delta G_{2\text{-}16}^{\ominus} = 36484 - 46.11T(\text{J} \cdot \text{mol}^{-1}) \quad (2\text{-}16)$$

式（2-15）+2×式（2-16）得

$$H_2O(g) \Longrightarrow 2[H]_{\text{ppm}} + 1/2O_2(g),$$

$$\Delta G_{2\text{-}14}^{\ominus} = \Delta G_{2\text{-}15}^{\ominus} + \Delta G_{2\text{-}16}^{\ominus} \times 2 = 319407 - 147.03T(\text{J} \cdot \text{mol}^{-1})$$

【例 2-3】　在 1600℃和 100 kPa 下，感应炉炼钢，原料中氢质量分数为 0.0005%，此时空气中 $p_{O_2} = 21$ kPa 和 $p_{H_2O} = 10$ kPa，此时发生吸氢还是脱氢？

解　计算此问题不能用式（2-13）$w[H]_{\text{ppm}} = 13.6\sqrt{\dfrac{p_{H_2O}/p^{\ominus}}{w[O]_{\%}}}$ 进行计算，此时又多一组元 O_2，则要用反应式（2-14）进行计算。

即

$$\Delta G_{(2\text{-}14)} = \Delta G_{(2\text{-}14)}^{\ominus} + RT\ln K$$

由反应式（2-14）$\Delta G_{(2\text{-}14)}^{\ominus}$ 知

$$\Delta G_{(2\text{-}14)} = (319407 - 147.03T) + 19.15T\lg \frac{w[H]_{\text{ppm}}^2 \cdot (p_{O_2}/p^{\ominus})^{1/2}}{p_{H_2O}/p^{\ominus}}$$

$$= (319407 - 147.03 \times 1873) + 19.15 \times 1873\lg \frac{5^2 \times [21 \times 10^3/(1 \times 10^5)]^{1/2}}{10 \times 10^3/(1 \times 10^5)}$$

$$= 153702(\text{J}) > 0$$

因此，反应向逆方向进行，即不能增氢而是脱氢（以 H_2O 形式）。

用同样的方法可以判定在冶炼过程中是增氮还是脱氮。

【例 2-4】　用非真空感应炉熔炼某种钢，冶炼温度控制在 1600℃，原料中氢质量分数为 1×10^{-7}，大气中氧分压 $p_{O_2} = 21$ kPa，而水蒸气分压 $p_{H_2O} = 10$ kPa 时，此条件下冶炼后钢中是"增氢"还是"脱氢"？

解　$w[H]_{\text{ppm}} = 1 \times 10^{-7} \times 10^6$；$p_{O_2} = 21$ kPa；$p_{H_2O} = 10$ kPa；$T = 1873$ K。

$$\Delta G_{(2\text{-}14)} = (319407 - 147.03T) + 19.15T\lg \frac{w[H]_{\text{ppm}}^2 \cdot (p_{O_2}/p^{\ominus})^{1/2}}{p_{H_2O}/p^{\ominus}}$$

$$= (319407 - 147.03 \times 1873) + 19.15 \times 1873 \times \lg \frac{(1 \times 10^{-7} \times 10^6)^2 \cdot (21 \times 10^3/10^5)^{1/2}}{10 \times 10^3/10^5}$$

$$= -3916.31(\text{J})$$

$\Delta G_{(2\text{-}14)} < 0$，则反应向增氢方向进行。

【例 2-5】　仍用真空感应炉熔炼上述钢种，其他条件不变，只是保持在真空度为 13 Pa，熔炼时是否增氢？

解　当 $T = 1873$ K、$w[H]_{ppm} = 0.1$ 时，因为真空度为 13 Pa，在炉内气相中尚有 $p = 13$ Pa 的压强。假定在这部分气体中除有氮（约为 2/3）、氧（约为 1/3）外还有水蒸气，

$$p_{O_2} = 13 \times 1/3 = 4.3 (Pa)$$

将 p_{H_2O} 假定为 p_{O_2} 的 1/10（保守），则 $p_{H_2O} = 0.43$ Pa，

这样，$\Delta G_{(2-14)} = (319407 - 147.03T) + 19.15T \lg \dfrac{w[H]^2_{ppm} \cdot (p_{O_2} / p^{\ominus})^{1/2}}{p_{H_2O} / p^{\ominus}}$

$$= (319407 - 147.03 \times 1873) + 19.15 \times 1873 \lg \dfrac{(0.1)^2 \times (4.3/10^5)^{1/2}}{4.3/10^5}$$

$$= 86186 \text{ J} > 0$$

故不增氢。

对于反应式（2-14）而言，由于反应物气相 H_2O 为 1 mol。而生成物气体 O_2 为 1/2 mol，因此真空对此反应平衡有影响。

3. 钢中的氮

可用类似的方法来判断钢中 N_2 的行为。所不同的是，钢中的一些合金元素（如 Ti、V、Al、Zr 和 B 等）常常生成氮化物，如

$$TiN(s) \Longrightarrow [Ti] + [N] \qquad \lg[Ti] \cdot [N] = \frac{-16586}{T} + 5.9$$

$$ZrN(s) \Longrightarrow [Zr] + [N] \qquad \lg[Zr] \cdot [N] = \frac{-17000}{T} + 6.38$$

$$AlN(s) \Longrightarrow [Al] + [N] \qquad \lg[Al] \cdot [N] = \frac{-14138}{T} + 6.05$$

$$BN(s) \Longrightarrow [B] + [N] \qquad \lg[B] \cdot [N] = \frac{-4800}{T} + 2.136$$

$$VN(s) \Longrightarrow [V] + [N] \qquad \lg[V] \cdot [N] = \frac{-9100}{T} + 6.00$$

以上氮化物生成的条件是，钢中已经良好地脱氧，否则将生成氧化物而不是氮化物，因为这些金属的氧化物比其氮化物更稳定（即对氧的亲和力更大，或者说，其氧化物的生成自由能比氮化物的生成自由能更负）。

另外，由氮化物的平衡常数与 T 的关系通式

$$\lg[Me] \cdot [N] = \frac{-A}{T} + B$$

可见，当 T 减小，则有 $\dfrac{-A}{T}$ 减小，从而 $\dfrac{-A}{T} + B$ 减小，即 $[Me] \cdot [N]$ 减小，因此，合金元素的脱氮能力增加。

2.3.4　钢液的真空脱气

由以上讨论可知，双原子的气体在金属中的溶解度与气体分压的平方根成正比，即

$$i_2 = 2[i]$$

$$S_i = K\sqrt{p_i / p^{\ominus}}$$

对于氢而言，有

$$\lg K_H = \frac{-1670}{T} - 1.68$$

对于氮而言，有

$$\lg K_N = \frac{-188}{T} - 1.246$$

因此，可采用真空处理的方法来脱除金属中的氢、氮等气体。而真空度的选择可通过热力学进行计算。

1. 钢中脱氢

在 1600℃下，使金属中氢含量降为 ≤2 ppm，其真空度最低应为多少？即求真空度 p_{H_2} 的值。

因为氢的溶解过程为

$$1/2H_2 = [H]$$

又知，

$$\lg K_H = \frac{-1670}{T} - 1.68 \tag{2-17}$$

$$K_H = \frac{w[H]_\%}{(p_{H_2} / p^{\ominus})^{1/2}} \tag{2-18}$$

（1）计算 p_{H_2} 值，必须计算 K_H 的值。

当 $T = 1873$ K 时，$\lg K_H = \frac{-1670}{1873} - 1.68 = -2.57$，所以

$$K_H = 0.0027$$

（2）已知 $w[H] = 2 \times 10^{-6}$，则

$$w[H]_\% = 2 \times 10^{-6} \times 100 = 0.0002$$

（3）将 K_H 和 $[H]_\%$ 代入式（2-18）得

$$p_{H_2} / p^{\ominus} = \left(\frac{w[H]_\%}{K_H} \right)^2 = \left(\frac{0.0002}{0.0027} \right)^2$$

即

$$p_{H_2} \leqslant 0.0055 \times 10^5 = 557.3 \text{(Pa)}$$

可见，只要气相中 p_{H_2} ＜557.3 Pa，即真空度提高（炉内压强＜557.3Pa）时，可实现脱 H_2 的目的。

2. 钢中脱氮

求 1600℃下，对含有质量分数 $w[N]_\% = 0.003$ 的钢进行脱氮的热力学条件。
用上述方法：

$$p_{N_2} / p^{\ominus} = \left(\frac{w[N]_\%}{K_N} \right)^2 \qquad (2\text{-}19)$$

$$\lg K_N = \frac{-188}{T} - 1.246$$

$$T = 1873 \text{ K}, \quad \lg K_N = -1.35$$

$$K_N = 0.045$$

将 $w[N]_\%$ 和 K_N 代入式（2-19）得

$$p_{N_2} / p^{\ominus} = \left(\frac{w[N]_\%}{K_N} \right)^2 = \left(\frac{0.003}{0.045} \right)^2 = 0.0045$$

即

$$p_{N_2} = 0.0044 \times 10^5 = 440 \text{(Pa)}$$

因此，若抽真空使气相中 p_{N_2} ＜440 Pa，便可实现脱 N_2。但实践表明，这是不行的，因为 N 以 MeN 的形式存在。要实现脱氮，必须使真空度达到 p 小于 MeN 的分解压强或温度达到 MeN 的分解温度才行。而 p_{N_2} ＜440 Pa 只可脱除溶解态的氮。

2.4　真空挥发（蒸馏）过程的物理化学

2.4.1　概述

人们在很早以前就发现，不同物质的挥发性、挥发速度不同，主要表现在其蒸气压不同，可以用这一方法来提纯和分离金属。但当时存在的困难是大气和高温下金属伴随氧化问题。随后人们采用惰性气体保护蒸发的方法，尽管在一定程度上解决了氧化问题，但蒸发过程中会带来与惰性气体相互作用、蒸发效率低等问题。

1883 年，修勒首先将真空技术应用于蒸发过程。并对 Na、Se、Tl、Cd、Zn、Mg、Ag、Sb 和 Bi 等元素进行了蒸发提纯工作，并获得良好的结果，继而该技术快速发展。由于真空技术的日益进步，真空蒸发技术为原子能、高速和宇航工业及中子技术工业等提供了优质的材料。

真空蒸发的优点有：①不用任何试剂，避免了试剂的沾污；②真空下避免了气体与金属间的相互作用；③真空下可使一些提纯反应在较低温度下进行，避免了容器沾污；④真空下（一般在 $13.33 \sim 1.33 \times 10^{-3}$ Pa）去除杂质较彻底，生产效率高。

2.4.2　真空下金属挥发热力学

挥发过程是指凝聚相挥发为气相。而凝聚相挥发又包括液相（熔体）挥发（或）蒸发为气相，以及固相升华为气相。

下面讨论蒸发和升华过程的热力学。

1. 金属（元素）的蒸气压 $p_i^{\ominus}$

对金属 A 而言，$p_A^{\ominus} = f(T)$，随着 T 升高，$p_A^{\ominus}$ 增大。

在一定的温度 T，对应一个平衡的蒸气压 $p_A^{\ominus}$，$p_A^{\ominus}$-T 的关系如图 2-3 所示。

在温度 T 下：

（1）当体系气相中物质 A 的实际蒸气压为 p_A^a，温度 T 下 A 物质的平衡蒸气压为 $p_A^{\ominus}$，当 $p_A^a > p_A^{\ominus}$ 时，则 p_A^a 下降并趋近于 $p_A^{\ominus}$，一直到 $p_A^a = p_A^{\ominus}$，此过程如图 2-3 所示。

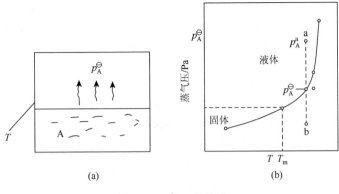

图 2-3　$p_A^{\ominus}$-T 的关系

（2）当体系气相中 A 的蒸气压为 p_A^b 时，而且 $p_A^b < p_A^{\ominus}$，则液相向气相转化，直至 $p_A^b = p_A^{\ominus}$ 为止。那么元素或金属单质平衡蒸气压 p 与温度 T 的关系式是什么形式呢？

通常用克拉贝龙-克劳修斯方程来描述 p 与 T 的关系，即

$$\frac{\mathrm{d}p}{\mathrm{d}T} = \frac{\Delta H_{蒸}}{T \cdot \Delta V} = \frac{\Delta H_{蒸}}{T \cdot (V_{气} - V_{液})} \tag{2-20}$$

式中，$\Delta H_{蒸}$——液体（或熔体）的物质的量蒸发热；

　　　p——T 温度下的蒸气压；

　　　$V_{气}$——气体物质的量体积；

　　　$V_{液}$——液体（或熔体）的物质的量体积。

因为 $V_{气} \gg V_{液}$（在临界点ΔT的温度下），所以 $V_{气} - V_{液} \approx V_{气}$，故有

$$\frac{\mathrm{d}p}{\mathrm{d}T} = \frac{\Delta H_{蒸}}{T \cdot V_{气}} \tag{2-21}$$

对于 1 mol 气体而言，气体方程式为

$$pV_{气} = RT(pV = nRT, 且 \, n = 1)$$

因此，有

$$V_{气} = RT/p \tag{2-22}$$

将式（2-22）代入式（2-21）得

$$\frac{\mathrm{d}p}{\mathrm{d}T} = \frac{\Delta H_{蒸}}{T \cdot \dfrac{RT}{p}} = \frac{\Delta H_{蒸} p}{T^2 \cdot R}$$

移项得

$$\frac{\mathrm{d}p}{p} = \frac{\Delta H_{蒸} p}{R \cdot T^2} \mathrm{d}T \tag{2-23}$$

假定 $\Delta H_{蒸}$ 与温度无关，对式（2-23）积分得

$$\ln p = -\frac{\Delta H_{蒸}}{R \cdot T} + I \tag{2-24}$$

或表示为

$$\lg p = -\frac{\Delta H_{蒸}}{4.575 \cdot T} + I' \tag{2-25}$$

一般通式为

$$\lg p = A - \frac{B}{T} \tag{2-26}$$

式中，$A = I'$，为积分常数；

$B = \dfrac{\Delta H_{蒸}}{4.575}$。

同样，升华过程也可以用上述方法进行推导，此时 $\Delta H_{蒸}$ 为 $\Delta H_{升}$。

有时为了更精确，用多项式表示 p 与 T 的关系式：

$$\lg p = A - \frac{B}{T} + C \cdot \lg T$$

目前，各种元素的 $p = f(T)$ 的关系式多数均已测得，并列成表，有时用式子表示，有时用图表示。应用这种图和表时，值得注意的是它们的适用温度范围。

由蒸气压数据可以把元素分为以下四类：

第一类为易挥发的元素：汞（Hg）、铷（Rb）、铯（Cs）、钾（K）、钠（Na）、镉（Cd）、锌（Zn）和镁（Mg）；

第二类为中等易挥发的元素：锶（Sr）、锂（Li）、钙（Ca）、钡（Ba）、锑（Sb）、铅（Pb）和硅（Si）；

第三类为难挥发的元素：锡（Sn）、锰（Mn）、铬（Cr）、银（Ag）、铍（Be）、铝（Al）、铜（Cu）和金（Au）；

第四类为极难挥发的元素：钨（W）、碳（C）、钼（Mo）、铂（Pt）和钽（Ta）。

讨论：①用真空方法冶炼含 W、Mo、Ta、Cu、Mn 合金元素的钢为宜；②用真空方法冶炼含 K、Na、Cd、Zn 和 Mg 杂质钢有利，可实现挥发提纯。

上述仅从纯元素的蒸气压来讨论挥发过程。而当形成溶液后，可能有所变化。如形成 Fe-i 二元系，则元素 i 的挥发特性，可能不符合上述规律，这是元素 i 的活度发生变化所致。

2. 外压 $p_{外}$ 对元素蒸气压的影响

首先讨论在加压（引入惰性气体增加压强——等温压缩）条件下，在液体（或固体）转化为气体时，外压 $p_{外}$ 对平衡蒸气压有影响。

从相律看：

$$f = k - \Phi + n$$

式中，k ——成分（组元数）；

　　　Φ ——相数；

　　　n ——作用数（一般只有 T 和 p）；

　　　f ——自由度。

对于纯元素挥发时，$k=1$，$\Phi=2$（液相和气相），$n=2$（p 和 T），这样 $f=1-2+2=1$。当除了 p、T 有影响外，还有 $p_{外}$ 的影响时，对纯元素的挥发而言，此时，把外压的惰性气体 $p_{外}$ 看成体系的一部分时，$n=(p, T, p_{外})=3$，$k=1$，$\Phi=2$，则 $f=1-2+3=2$。

对于二元合金而言，$k=2$，考虑到 T、p 和外界压强 $p_{外}$ 的影响时，$n=3$，$\Phi=2$，则 $f=2-2+3=3$。

1）外压 $p_{外}$ 对蒸发过程中蒸气压的影响

设一个挥发体系，在一定的温度 T 下，

（1）在一定外压 $p_{外}$ 下，当

$$\text{液体} \rightleftharpoons \text{气体，达到平衡时}$$

则液相和气相的自由能相等，即

$$F_{液} = F_{气} \tag{2-27}$$

此时元素的蒸气压为 p，体系总压为 $p + p_{外}$。

（2）当外压增加了 $\mathrm{d}p_{外}$ 时，外压为 $p_{外} + \mathrm{d}p_{外}$。此时达到一个新的平衡，蒸气压为 $p + \mathrm{d}p$，其自由能为

$$F_{液} + \mathrm{d}F_{液} = F_{气} + \mathrm{d}F_{气} \tag{2-28}$$

由式（2-27）知，

$$\mathrm{d}F_{液} = \mathrm{d}F_{气} \tag{2-29}$$

（3）因为温度不变，所以

$$\mathrm{d}F = V\mathrm{d}p$$

$$\mathrm{d}F_{液} = V_{液} \cdot \mathrm{d}p_{外}；\quad \mathrm{d}F_{气} = V_{气} \cdot \mathrm{d}p$$

由式（2-29）得

$$V_{液} \cdot \mathrm{d}p_{外} = V_{气} \cdot \mathrm{d}p$$

$$\left(\frac{\mathrm{d}p}{\mathrm{d}p_{外}}\right)_T = \left(\frac{V_{液}}{V_{气}}\right) \tag{2-30}$$

在初步近似计算中，假定蒸气遵循门捷列夫-克拉贝龙方程，即 $V_{气} = \dfrac{RT}{p}$ 关系代入式（2-30），有

$$\frac{\mathrm{d}p}{p} = \frac{V_{液}}{RT} \mathrm{d}p_{外} \tag{2-31}$$

假定 $V_{液}$ 为常数（实际变化很小），积分式（2-31）得

$$\ln\frac{p_2}{p_1} = \frac{V_{液}}{RT}(p_{外2} - p_{外1})$$

或

$$\frac{p_2}{p_1} = \mathrm{e}^{\frac{V_{液}(p_{外2}-p_{外1})}{RT}} \tag{2-32}$$

在一定温度 T 下，外压由 $p_{外1}$ 变化到 $p_{外2}$ 时，则其元素的蒸气压由 p_1 变化为 p_2，其他均为常数。

讨论：① $p_{外2} > p_{外1}$，即加压时，$p_2 > p_1$，元素的蒸气压也增加；② $p_{外2} < p_{外1}$，即减压时，$p_2 < p_1$，元素的蒸气压也减小。

2）外压 $p_{外}$ 对 p 的影响程度的估算

有 1 mol 的金属铯（Cs），在熔点下，$T_{熔} = 301.50$ K，进行蒸发。当 $p_{外1}$ 由 100 kPa 减压到完全真空（$p_{外2} = 0$）下蒸发时，外压 $p_{外}$ 对其蒸气压 p 有什么影响？

解 由已知条件，根据式（2-32）得

$$\frac{p_2}{p_1} = \mathrm{e}^{\frac{V_{液}(p_{外2}-p_{外1})}{RT}} = \mathrm{e}^{\frac{V_{液}(0-1.0\times10^5)}{4.575\times301.5}}$$

$$\frac{p_1}{p_2} = \mathrm{e}^{\frac{V_{液}\times1.0\times10^5}{4.575\times301.5}}$$

对铯而言，其物质的量体积为

$$V_{液} = 71 \ \mathrm{cm}^3$$

因此

$$\frac{p_1}{p_2} = \mathrm{e}^{\frac{0.012\times71}{301.5}} = 1.0026$$

可见，$p_{外1}$ 由 100 kPa 减压到完全真空（$p_{外2} = 0$）时，使铯的蒸气压只改变

了 0.26%。那么对于 $V_{液}/T$ 比值很小的金属而言，如 W，$p_{外}$ 对 p 的影响只在十万分之几。

可见，随着外界压强的增加或减少，对平衡蒸气压影响不大。

但必须指出的是，有惰性气体存在条件下进行挥发，较在真空下，唯一的差别是，由于蒸发元素分子扩散减慢，则使液相-气相达到平衡时间增长。

2.4.3　二元合金熔体的挥发

1. 二元合金熔体的种类及蒸气压对其挥发的影响

组元 A 和 B 完全不互溶，彼此只形成机械混合物。在这类二元合金熔体中，二者的蒸气压互相之间不影响，即一者的存在不影响另一者。二元合金熔体总蒸气压为两合金元素蒸气压之和，如图 2-4 所示。

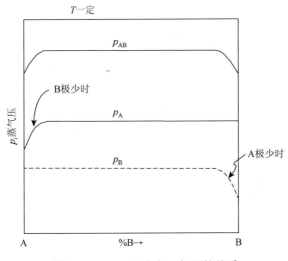

图 2-4　A-B 二元合金 p_i 与 T 的关系

二元合金机械混合物的蒸气压 p_{AB} 为

$$p_{AB} = p_A + p_B$$

式中，p_A——在一定温度下，纯 A 的平衡蒸气压；

　　　p_B——在一定温度下，纯 B 的平衡蒸气压。

这种情况在实际的合金中较少。

2. 具有无限互溶的二元合金熔体的蒸气压

在某一温度下，合金中组元的蒸气压 p_i 用拉乌尔定律来描述，如图 2-5 所示。

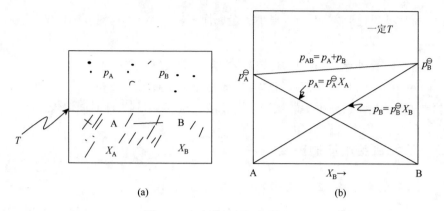

图 2-5　合金中组元的蒸气压 p_i

组元 A 和组元 B 的蒸气压 p_A 和 p_B 分别为

$$p_A = p_A^\ominus \cdot X_A \qquad\qquad (2\text{-}33)$$

$$p_B = p_B^\ominus \cdot X_B \qquad\qquad (2\text{-}34)$$

可见 p_A 与其物质的量分数 X_A 有关，二者呈直线关系，即随着 X_A 的增加，p_A 增加；随着 X_B 的增加，p_B 增加。

二元合金在 T 温度下的总蒸气压 p_{AB} 为

$$p_{AB} = p_A + p_B = p_A^\ominus X_A + p_B^\ominus X_B \qquad\qquad (2\text{-}35)$$

因为 $X_A + X_B = 1$，所以

$$X_A = 1 - X_B \text{ 或 } X_B = 1 - X_A \qquad\qquad (2\text{-}36)$$

将式（2-36）代入式（2-35）得

$$
\begin{aligned}
p_{AB} &= p_A^\ominus(1 - X_B) + p_B^\ominus X_B \\
&= p_A^\ominus - p_A^\ominus X_B + p_B^\ominus X_B \\
&= p_A^\ominus - X_B(p_A^\ominus - p_B^\ominus) \text{ 或 } p_A^\ominus + X_B(p_B^\ominus - p_A^\ominus) \text{ 或 } p_B^\ominus - X_A(p_B^\ominus - p_A^\ominus)
\end{aligned}
$$

式中，X_A 和 X_B——二元熔体中组分 A 和 B 的物质的量分数；

$p_A^\ominus$ 和 $p_B^\ominus$——纯组分 A 和 B 的饱和蒸气压。

X_A 和 X_B 均小于 1，所以

$$p_A^\ominus < p_{AB} < p_B^\ominus$$

对于实际二元合金而言，形成实际熔体而不是理想溶液时，拉乌尔定律不能直接应用，需要进行修正，即用活度的概念 a 来讨论。

因为对于理想溶液而言，$p_i = p_i^{\ominus} X_i$；而对于实际溶液则 $p_i \neq X_i$，当用 a_i 来代替 X_i，有

$$p_i = p_i^{\ominus} a_i = p_i^{\ominus}(X_i r_i)$$

式中，r_i——i 组元活度系数。

$$a_i = \frac{p_i}{p_i^{\ominus}} = r_i X_i$$

当 $r_i = 1$ 时，$a_i = X_i$；

当 $r_i > 1$ 时，对拉乌尔定律产生正偏差；

当 $r_i < 1$ 时，对拉乌尔定律产生负偏差。

蒸气压与组成的关系如图 2-6 所示。

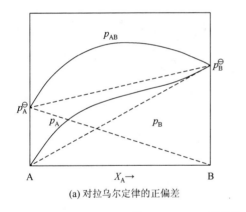 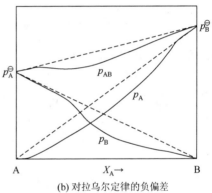

(a) 对拉乌尔定律的正偏差　　　　　　　(b) 对拉乌尔定律的负偏差

图 2-6　A-B 二元设计合金 p_i 与 X_i 的关系

3. 二元合金熔体上方蒸气的组成

纯金属熔体上方的平衡气相组成与熔体组成相同，而多组分组成的溶液相，其蒸气的组成与液相组成并不一定相同。

当 A-B 形成二元合金，在一定温度 T 下，气相（N_A^*、N_B^*）和液相（N_A 和 N_B）达平衡时：

$$p_A = p_A^{\ominus} \cdot X_A, \quad p_B = p_B^{\ominus} \cdot X_B$$

$$p_{AB} = p_A + p_B = p_A^{\ominus} X_A + p_B^{\ominus} X_B = p_A^{\ominus} + X_B(p_B^{\ominus} - p_A^{\ominus}) = p_B^{\ominus} - X_A(p_B^{\ominus} - p_A^{\ominus})$$

假设气相中平衡的 A 和 B 组分的物质的量分数为 X_A^* 和 X_B^*，则根据道尔顿定律知

$$X_A^* = \frac{p_A}{p_{AB}} \tag{2-37}$$

$$X_B^* = \frac{p_B}{p_{AB}} \tag{2-38}$$

由式（2-23）、式（2-38）和式（2-33）、式（2-34）可得

$$p_{AB} = \frac{p_A}{X_A^*} = \frac{p_A^\ominus X_A}{X_A^*}$$

$$p_{AB} = \frac{p_B}{X_B^*} = \frac{p_B^\ominus X_B}{X_B^*}$$

于是有

$$\frac{p_A^\ominus X_A}{X_A^*} = p_B^\ominus - X_A(p_B^\ominus - p_A^\ominus) \text{或} p_A^\ominus + X_B(p_B^\ominus - p_A^\ominus) \tag{2-39}$$

$$\frac{p_B^\ominus X_B}{X_B^*} = p_A^\ominus + X_B(p_B^\ominus - p_A^\ominus) \text{或} p_B^\ominus - X_A(p_B^\ominus - p_A^\ominus) \tag{2-40}$$

由式（2-40），经移项得

$$\frac{p_B^\ominus X_B}{X_B^*} = p_A^\ominus + X_B(p_B^\ominus - p_A^\ominus)$$

$$\frac{p_B^\ominus X_B}{X_B^*} = p_A^\ominus + p_B^\ominus X_B - p_A^\ominus X_B$$

$$\frac{p_B^\ominus X_B}{X_B^*} - p_B^\ominus X_B = p_A^\ominus - p_A^\ominus X_B$$

$$p_B^\ominus X_B\left(\frac{1}{X_B^*} - 1\right) = p_A^\ominus(1 - X_B)$$

$$\frac{1}{X_B^*} - 1 = \frac{p_A^\ominus}{p_B^\ominus}\left(\frac{1}{X_B} - 1\right) \tag{2-41}$$

同理，由式（2-40）可得

$$\frac{1}{X_A^*} - 1 = \frac{p_B^\ominus}{p_A^\ominus}\left(\frac{1}{X_A} - 1\right) \tag{2-42}$$

讨论：①当 $p_A^\ominus = p_B^\ominus$ 时，由式（2-41）和式（2-42）可知，$X_A^* = X_A$、$X_B^* = X_B$，即气相和液相组成相同。②当 $p_B^\ominus > p_A^\ominus$ 时，由式（2-41）知，$X_B^* > X_B$，即 B 元素在气相中的组成大于液相中的组成；由式（2-42）知，$X_A > X_A^*$，即 A 元素在气相中的组成比液相中少。③当 $p_A^\ominus > p_B^\ominus$ 时，$X_B^* > X_B$；$X_A^* > X_A$；$X_A < X_A^*$；$X_B^* < X_B$。

2.4.4　Fe 基合金的挥发系数

熔体中组元的挥发特性常用挥发系数 α 来描述。对于铁基二元合金而言，Olette 和黄希钴均导出 Fe-i 二元系熔体的挥发系数 α 的表达式为

$$\alpha_i = \frac{r_i \cdot p_i^*}{r_{Fe} \cdot p_{Fe}^*} \cdot \sqrt{\frac{M_{Fe}}{M_i}} \qquad (2\text{-}43)$$

式中，r_i——Fe-i 合金熔体中组元 i 的活度系数；

$\quad\;\; p_i^*$——Fe-i 合金熔体中组元 i 的蒸气压；

$\quad\;\; r_{Fe}$——Fe-i 合金熔体中 Fe 的活度系数；

$\quad\;\; p_{Fe}^*$——Fe-i 合金熔体中 Fe 的蒸气压；

$\quad\;\; M_{Fe}$——Fe 的原子量；

$\quad\;\; M_i$——i 的原子量。

黄希钴进一步导出了 Fe-i 二元合金中组元的绝对挥发量计算式：

$$\ln\frac{w[i]^0}{w[i]} = \beta_i \times \frac{A}{V} \times L \qquad (2\text{-}44)$$

对 Fe-Mn 二元合金而言可表示为

$$\ln\frac{w[Mn]^0}{w[Mn]} = \beta_{Mn} \times \frac{A}{V} \times t \qquad (2\text{-}45)$$

$$\ln\frac{w[Fe]^0}{w[Fe]} = \beta_{Fe} \times \frac{A}{V} \times t \qquad (2\text{-}46)$$

式中，$w[Mn]^0$——Fe-Mn 熔体中 Mn 的原始浓度；

$\quad\;\; w[Mn]$——Fe-Mn 熔体中经 t 时间真空处理后 Mn 的浓度；

$\quad\;\; w[Fe]^0$——Fe-Mn 熔体中 Fe 的原始浓度；

$\quad\;\; A$——Fe-Mn 熔体的挥发面积；

$\quad\;\; V$——Fe-Mn 熔体的体积；

$\quad\;\; \beta_{Fe}$——Fe 在 Fe-Mn 熔体中的传质系数；

$\quad\;\; \beta_{Mn}$——Mn 在 Fe-Mn 熔体中的传质系数。

【例 2-6】　已知条件：①在 Fe-Mn 熔体中[Mn]的质量分数为 4%；②炉子容量为 100 kg；③坩埚直径 $\Phi = 0.51$ m（半径为 0.255 m）；④Fe-Mn 二元合金的密度为 7000 kg·m^{-3}；⑤Mn 和 Fe 在 Fe-Mn 熔体中的传质系数分别为：$\beta_{Mn} = 1.2 \times 10^{-4}$ m·s^{-1}，$\beta_{Fe} = 2.0 \times 10^{-5}$ m·s^{-1}；⑥真空下处理 Fe-Mn 熔体时间为 600 s；⑦熔体 Fe-Mn 合金真空处理温度为 1873 K；⑧Mn 和 Fe 在 1873 K 下的蒸气压分别为：$p_{Mn}^* = 5395$ Pa，$p_{Fe}^* = 5.9$ Pa；⑨在 Fe-Mn 二元熔体中 Fe 的活度系数 $r_{Fe} = 1$，Mn 的活度系数 $r_{Mn} = 1.3$。

求：①α_{Mn}；②Mn 的绝对挥发量 $w[Mn]$ 和相对挥发量 $\overline{w[Mn]}$；③Fe 的绝对挥发量 $w[Fe]$ 和相对挥发量 $\overline{w[Fe]}$。

解

①由式（2-43）知：

$$\alpha_{Mn} = \frac{r_{Mn} \cdot p_{Mn}^*}{r_{Fe} \cdot p_{Fe}^*} \sqrt{\frac{M_{Fe}}{M_{Mn}}} \tag{2-47}$$

式中，Fe-Mn 中 Mn 的分子量 $M_{Mn} = 55$；

Fe 的分子量 $M_{Fe} = 55.85$；

$r_{Mn} = 1.3$；

$r_{Fe} = 1$；

$p_{Mn}^* = 5395\ Pa$；

$p_{Fe}^* = 5.9\ Pa$。

将上述各数值代入式（2-47），计算得

$$\alpha_{Mn} = \frac{1.3 \times 5395}{1 \times 5.9} \sqrt{\frac{55.85}{55}} = 1200$$

②计算真空处理 600 s 后，Fe-Mn 合金中 Mn 的绝对挥发量 $w[Mn]$ 和相对挥发量 $\overline{w[Mn]}$：

由式（2-45）知：

$$\ln\frac{w[Mn]^0}{w[Mn]} = \beta_{Mn} \times \frac{A}{V} \times t$$

式中，$A/V = \pi r^2/V = 3.14 \times (0.255)^2/(100/7000) = 14.29(m^{-1})$

又知 Fe-Mn 中原始 $w[Mn] = 4\%$；$\beta_{Mn} = 1.2 \times 10^{-4}\ m \cdot s^{-1}$；$t = 600\ s$。将上述各数值代入式（2-45），可得

$$\ln\frac{4\%}{w[Mn]} = 1.2 \times 10^{-4} \times 14.29 \times 600 = 1.030$$

$$\frac{4\%}{w[Mn]} = 2.80\%$$

$$w[Mn] = 4\%/2.80 = 1.429\%$$

Mn 的绝对挥发量为 $w[Mn] = 1.428\%$；Mn 的相对挥发量为 $\overline{w[Mn]} = \frac{4\% - 1.428\%}{4\%} \times 100\% = 64.3\%$。

③同样方法计算出 Fe 的绝对挥发量 $w[Fe]$ 和相对挥发量 $\overline{w[Fe]}$ 分别为

$$w[Fe] = \frac{96\%}{1.19} = 80.67\%$$

$$\overline{w[\text{Fe}]} = \frac{96\% - 80.67\%}{96\%} \times 100\% = 16\%$$

同时，可以计算出 Fe 的挥发系数 α_{Fe} 为

$$\alpha_{\text{Fe}} = \frac{\ln(1 - 64.4/100)}{\ln(1 - 16/100)} = 6.0$$

Olette 对若干元素在 Fe 液中呈稀溶液合金时挥发系数做了计算,结果如表 2-4 所示。

表 2-4 元素在 Fe 液中的挥发系数（呈稀溶液合金）

合金元素 i	原子量 M_i	1600℃下蒸气压 $p_i^\ominus$ /(×133 Pa)	在 1600℃下稀 Fe 溶液中活度系数 $r_i^\ominus$	α_i
Al	26.98	223	0.029	1.58
As	74.92	4.5×10^8	—	3
Cr	52.01	23	1	4.03
Co	58.94	4.68	1.07	0.83
Cu	63.54	107.1	8.6	146.6
Fe	55.85	5.89	1	1
Mn	54.94	5395	1.3	1200
Ni	58.71	3.5	0.66	0.38
P	30.97	7.8×10^7	—	—
Pb	207.21	4.5×10^4	1400	5.5×10^7
Si	28.09	0.78	0.0013	2.4×10^4
Sn	118.70	120	2.8	13.98

说明：①计算 α 值时用的蒸气压 $p_i^\ominus$ 取自文献[3]和[4]；②在真空条件下，一般当 $\alpha > 10$ 的元素可通过挥发去除，Mn、Cu、Sn 等比较易挥发，而 Ni 和 Co 在铁液中富集；③元素的活度系数对其挥发的影响较大，凡是可提高元素活度系数的组元可促进该元素的挥发，相反，如 As 的相互作用系数 e_{As}^i 为负值，尽管 $p_{\text{As}}^\ominus$ 很高，α_{As} 也只有 3，通过真空挥发的方法难以去除。

2.4.5 冶金中真空挥发的实践

（1）在冶炼的温度下，某元素的蒸气压低于 1.33×10^{-3} Pa，或低于基体金属的蒸气压时，该元素在冶炼过程中，不会因挥发而损失，其收率几乎是 100%，如铁基体合金中的 Ni、Mo、Zn 等就属于这类元素。

（2）在冶金实践中也发现这样的现象。尽管其合金元素的蒸气压较基体大很多，但在冶炼过程中，并不因为真空挥发而损失。例如，镍基合金 Ni-Al，其中 Ni 的蒸气压为

$$\lg p_{Ni} = (-22100T^{-1} + 0 \times \lg T + 0.131 \times 10^{-3}T + 10.75) \times 133.32 \text{ Pa}(1000 \text{ K} \sim \text{Ni 熔点})$$

Al 的蒸气压为

$$\lg p_{Al} = (-16450T^{-1} - 1.023\lg T + 12.36) \times 133.32 \text{ Pa}(1200 \sim 2800 \text{ K})$$

在 1600℃下：

$$p_{Ni} = 6.77 \text{ Pa}$$

$$p_{Al} = 266.11 \text{ Pa}$$

可见，$p_{Al} > p_{Ni}$。

在冶金过程中 Al 不挥发损失，是由于形成了金属间化合物 Ni_3Al 和 NiAl，其化合物蒸气压很小。

（3）为强化挥发过程，有效地去除有害杂质，则要求：

（a）供蒸气冷凝的表面离液态金属越近越好，真空度越高越好

这是因为挥发元素从溶液中挥发出来后，还有再回到金属表面的可能，以建立动态平衡。如果使气体分子的自由程越大，则再回到液态金属中的可能性就越小。上述两个措施就是为了加强挥发过程。

例如，在 1600℃下的氮气，当体系压强为 100 kPa 时，N_2 的自由程为 10^{-3} mm；当体系压强降至 133.32 Pa 时，N_2 的自由程为 1 mm；当体系压强降至 0.13 Pa 时，N_2 的自由程为 10^3 mm。

这样在真空条件下，可增大氮气的自由程，使挥发出的元素气体冷凝而可以从熔体中排除。

（b）尽量增大挥发表面积，加强搅拌，挥发表面尽量无渣等

【例 2-7】　在 1600℃下，由于 Cu 和 Si 具有近似的蒸气压，试计算利用真空蒸馏挥发的方法，所得铁液中 Si 和 Cu 的最低含量为多少？

已知：

$$p_{Cu}^{\ominus} = (-17770T^{-1} - 0.86\lg T + 12.29) \times 133.32 \text{ Pa}(298 \text{ K} \sim \text{Cu 熔点})$$

$$p_{Si}^{\ominus} = (-17100T^{-1} - 0.86\lg T + 12.29) \times 133.32 \text{ Pa}(\text{Si 熔点} \sim 3000 \text{ K})$$

在 1600℃下，$p_{Cu}^{\ominus} \approx 100$ Pa，$p_{Si}^{\ominus} \approx 60$ Pa。

Fe-Cu 对拉乌尔定律为很大的正偏差，而 Fe-Si 对拉乌尔定律为很大的负偏差。所以 a_{Cu} 和 a_{Si} 是有较大差别的。

解

（Ⅰ）Fe-Cu 二元系中，达到最低铜含量的条件是 $p_{Cu} = p_{Fe}$。

因为

$$p_{Cu} = p_{Cu}^{\ominus} \cdot r_{Cu} \cdot X_{Cu}$$

$$p_{Fe} = p_{Fe}^{\ominus} \cdot r_{Fe} \cdot X_{Fe}$$

由上述两个式子可得

$$p_{Cu}^{\ominus} \cdot r_{Cu} \cdot X_{Cu} = p_{Fe}^{\ominus} \cdot r_{Fe} \cdot X_{Fe}$$

所以有

$$X_{Cu} = \frac{p_{Fe}^{\ominus} \cdot r_{Fe} \cdot X_{Fe}}{p_{Cu}^{\ominus} \cdot r_{Cu}}$$

因为 X_{Fe} 和 X_{Cu} 相比, $X_{Cu} \ll X_{Fe}$, 所以

$$a_{Fe} = r_{Fe} \cdot X_{Fe} \approx 1$$

$$X_{Cu} = \frac{p_{Fe}^{\ominus}}{p_{Cu}^{\ominus} \cdot r_{Cu}}$$

在 1600℃下, $r_{Cu} = ?$, 因为在低 Cu 的 Fe-Cu 二元合金中, $r_{Cu} = 10$, 又在 1600℃下:

$$p_{Fe}^{\ominus} = (AT^{-1} + B\lg T + CT + D) \times 133.32 \text{ Pa}$$
$$= (-19710T^{-1} - 1.27\lg T + 0 + 13.27) \times 133.32 \text{ Pa(Fe 熔点}\sim\text{Fe 沸点)}$$
$$\approx 10.67 \text{ Pa}$$

将 $p_{Cu}^{\ominus}$、r_{Cu} 和 $p_{Fe}^{\ominus}$ 代入上式得

$$X_{Cu} = \frac{p_{Fe}^{\ominus}}{p_{Cu}^{\ominus} \cdot r_{Cu}} = \frac{0.08}{0.8 \times 10} = 0.01$$

将物质的量分数 X 值换算成 Fe-Cu 合金的质量为

$$\text{Cu:} \quad 0.01 \times 63.57 = 0.6357(\text{g})$$

$$\text{Fe:} \quad 0.99 \times 55.84 = 55.2816(\text{g})$$

这样, Cu 的质量分数为

$$w[Cu] = \frac{0.6357}{55.2816 + 0.6357} \times 100\% = 1.14\%$$

（Ⅱ）Fe-Si 合金中, Si 对拉乌尔定律产生很大负偏差, 这是由于 Fe 与 Si 间产生化学作用。可以肯定的是在熔体 Fe-Si 上方的蒸气中, $p_{Fe} \approx p_{Si}$, 而 Fe 中 Si 的浓度将较大。

用上述方法可计算出在 $X_{Si} = 0.32$ 时的活度值为

$$a_{Si} = 0.05, \ a_{Fe} = 0.335$$

这时，

$$p_{Si} = p_{Si}^{\ominus} a_{Si} = 0.5 \times 0.05 \times 133.32 = 3.33 \ Pa$$

$$p_{Fe} = p_{Fe}^{\ominus} a_{Fe} = 0.08 \times 0.355 \times 133.32 = 3.79 \ Pa$$

将 Si 的浓度换算成质量分数：

$$Si = 0.32 \times 27.97 = 8.95(g)$$

$$Fe = 0.68 \times 55.84 = 37.97(g)$$

$$8.95 + 37.97 = 46.92(g)$$

$$[Si] = \frac{8.95}{8.95 + 37.97} \times 100\% = 19.1\%$$

经比较可以看出，尽管在 1600℃下，蒸气压 $p_{Cu} \approx p_{Si}$，但经真空蒸馏后，Fe 中 Si 浓度比 Cu 浓度大近 17 倍。因此可以得出结论：用真空挥发的方法来降低合金中的有害杂质的方法只适用于某些合金体系。

2.5 真空下金属熔体与耐火材料间的相互作用——坩埚反应

2.5.1 高纯耐火（材料）氧化物的热力学性能

在真空感应炉熔炼和钢包真空精炼时，常用高纯氧化物，如 Al_2O_3、MgO、CaO、ZrO、BeO 和 ThO_2 等做衬砌材料，这些氧化物在高温和高真空下，一方面会被侵蚀分解，另一方面钢液中[C]有可能还原氧化物坩埚，造成氧对金属和合金的沾污及耐火材料的腐蚀。

作为坩埚的氧化物可分为以下两类：

第一类氧化物被还原时，反应生成的金属，蒸气压很高，同时在 Fe、Ni 等熔体中溶解度极低。这类氧化物有 MgO、CaO 或白云石。在 1600℃下，$p_{Ca} \geqslant 200 \ kPa$，$p_{Mg} \geqslant 1500 \ kPa$。

第二类氧化物被还原生成的金属在 Fe、Ni 等熔体中溶解度较高。这类氧化物有 Al_2O_3、ZrO、SiO_2、BeO 和 ThO_2，它们会使熔炼的金属被沾污。

2.5.2 氧化物的稳定性——氧化物分解自由能

尽管上述氧化物的分解压力很小，但在高真空条件下也可以实现。

根据作者计算的数据，查阅了其他资料整理出氧化物的热力学数据，如表 2-5 所示。

表 2-5　氧化物的热力学数据

氧化物	熔点/℃	分解反应式	平衡常数	$\Delta G_{1873}^{\ominus}$ /J	$\lg K_{1873}$
MgO	2800	$2MgO(s) === 2Mg(g) + O_2(g)$	$K = p_{Mg}^2 p_{O_2}$	709188	−19.75
Al₂O₃	2073	$2/3Al_2O_3 === 4/3Al(l) + O_2(g)$	$K = p_{O_2}$	716719	−20.10
ZrO₂	2700	$ZrO_2(s) === Zr(s) + O_2(g)$	$K = p_{O_2}$	744752	−20.70
BeO	2530	$2BeO(s) === 2Be(l) + O_2(g)$	$K = p_{O_2}$	842239	−23.60
CaO	2600	$2CaO(s) === 2Ca(g) + O_2(g)$	$K = p_{Ca}^2 p_{O_2}$	862741	−24.20
ThO₂	~3000	$ThO_2(s) === Th(s) + O_2(g)$	$K = p_{O_2}$	896422	−25.00

2.5.3　MgO 坩埚

使用 MgO 坩埚熔化纯铁时，讨论其增氧情况：在 1600℃下，

$$2MgO(s) === 2Mg(g) + O_2(g), \Delta G_{1873(2-48)}^{\ominus} = 709188 \text{ J} \tag{2-48}$$

$$O_2(g) === 2[O], \Delta G_{1873(2-49)}^{\ominus} = -233467 - 4.77T = -242421 \text{ J} \tag{2-49}$$

式（2-48）＋式（2-49）得

$$2MgO(s) === 2Mg(g) + 2[O], \Delta G_{1873}^{\ominus} = \Delta G_{1873(2-48)}^{\ominus} + \Delta G_{1873(2-49)}^{\ominus} = 466767 \text{ J}$$

因此，在 1600℃标准状态下，

$$MgO(s) === Mg(g) + [O]$$
$$\Delta G_{1873}^{\ominus} = 466767\text{J}/2 = 233384 \text{ J} > 0$$

MgO 坩埚不会分解。

（1）当在真空条件下熔炼时，气相中 Mg 的蒸气压保持在 1 Pa，即 $p_{Mg} = 1$ Pa 时，铁液中平衡氧质量分数 $w[O]_\%$ 为多少？

因为 $\Delta G^{\ominus} = -RT\ln K = -RT\ln[(p_{Mg}/p^{\ominus}) \cdot a_O]$，当铁液中氧的浓度很低时，可以认为 $a_O = w[O]_\%$，则

$$\Delta G^{\ominus} = -RT\ln K = -RT\ln\{(p_{Mg}/p^{\ominus}) \cdot w[O]_\%\}$$

$$T = 1600℃ = 1873 \text{ K}, \quad \Delta G_{1873}^{\ominus} = 233384 \text{ J}$$

$$-RT\ln K_{1873} = 233384 \text{ J}$$

$$\ln K_{1873} = \frac{-233384}{19.15 \times 1873} = -6.51$$

$$K_{1873} = 3.09 \times 10^{-7}$$

因为 $K_{1873} = (p_{Mg}/p^{\ominus}) \cdot w[O]_\% = 3.09 \times 10^{-7}$，又知 $p_{Mg} = 1$ Pa，所以

$$w[O]_\% = \frac{K_{1873}}{p_{Mg}/p^\ominus} = \frac{3.09\times10^{-7}}{1/10^5} = 0.03$$

（2）当真空度提高到 0.134 Pa 时，铁中氧含量 $w[O]_\%$ 为多少？

此时 $p_{Mg} = 0.134\ \text{Pa}$，有

$$w[O]_\% = \frac{K_{1873}}{p_{Mg}/p^\ominus} = \frac{3.09\times10^{-7}}{1.34\times10^{-6}} = 0.23$$

在 1600℃下，氧在 Fe 中的溶解度为 0.23%，可见当真空度提高到 0.134 Pa 时，用 MgO 坩埚熔炼纯 Fe 时其氧沾污量可达饱和值。

（3）用电熔 MgO 坩埚熔炼纯 Fe 实践表明，铁液从坩埚中吸氧的过程是缓慢的。①Fischer 的工作，用 MgO 坩埚时，在 0.013～0.13 Pa 下，将纯 Fe 液保持 400 min（6.7 h），氧质量分数由 0.002% 增大到 0.025%。②Brotzmann 的工作，在上述条件下（$p = 0.013～0.13\ \text{Pa}$ 和 $T = 1600℃$ 下），用 MgO 坩埚熔炼纯 Fe 时，保持 400 min，氧质量分数只有 0.008%～0.003%。③Bogdandy 等的工作，在小于 0.13 Pa 下，熔炼纯铁时，氧质量分数只达 0.001%～0.002%。④在图 2-7 所示条件下，保持 7 h 后，铁中氧质量分数提高到 0.025%。

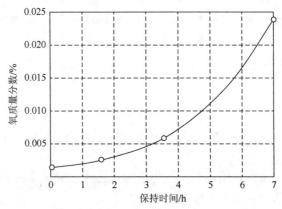

图 2-7　真空感应炉：MgO 坩埚（电熔镁砂）真空度 0.013～0.13 Pa 纯 Fe 中氧质量分数的变化

（4）当用 MgO 坩埚，熔炼的金属中含有碳时，坩埚被侵蚀更加明显。如在 1600℃下，因为

$$MgO(s) = Mg(g) + [O], \quad \Delta G_{1873}^\ominus = 233384\ \text{J}$$

$$[C] + [O] = CO(g), \quad \Delta G^\ominus = 94977\ \text{J}$$

$$MgO(s) + [C] = Mg(g) + CO(g), \Delta G^\ominus = 233384\ \text{J} - 94977\ \text{J} = 138407\ \text{J} \quad (2\text{-}50)$$

$$\Delta G^\ominus = -RT\ln K = -19.15T\lg K = 138407\ \text{J}$$

此值比 MgO 坩埚分解反应的 $\Delta G_{1873}^\ominus = 233384\ \text{J}$ 小，因此，[C] 还原 MgO 坩埚反应更易发生。即

$$\lg K = -\frac{138407}{19.15T} = -\frac{138407}{19.15 \times 1873} = -\frac{138407}{35868} = -3.86$$

$$K = 1.4 \times 10^{-4}$$

（5）使用氧化镁坩埚熔炼 Cr 质量分数为 18%的不锈钢返回料，其中原料中碳质量分数为 0.02%～0.1%，真空感应炉、真空度为 0.13～1.33 Pa，在 1600℃下，MgO 坩埚能否被腐蚀，可否实现脱碳？

解:

（Ⅰ）碳的活度:

返回不锈钢中碳质量分数:

$$w[C]_1 = 0.10\%$$

$$w[C]_2 = 0.02\%$$

钢液中碳的活度分别为

$$a_{C1} = w[C]_{\%1} \cdot f_C$$

$$a_{C2} = w[C]_{\%2} \cdot f_C$$

在 Cr 质量分数为 18%的钢液中，取 $f_C = 0.2$，则

$$a_{C1} = 0.10 \times 0.2 = 0.02$$

$$a_{C2} = 0.02 \times 0.2 = 0.004$$

（Ⅱ）由反应式（2-50）知，气体 Mg(g)和 CO(g)物质的量系数相等。因此，

$$p_{Mg} / p^\ominus = p_{CO} / p^\ominus$$

（Ⅲ）反应式（2-50）的平衡常数为

$$K = \frac{(p_{Mg}/p^\ominus) \cdot (p_{CO}/p^\ominus)}{a_C} = \frac{(p_{CO}/p^\ominus)^2}{a_C} \tag{2-51}$$

$$p_{CO}/p^\ominus = \sqrt{K \cdot a_C}$$

当 $a_C = a_{C1} = 0.02$ 时，由式（2-51）计算得

$$p_{CO1}/p^\ominus = \sqrt{1.4 \times 10^{-4} \times 0.02} = \sqrt{2.8 \times 10^{-6}} = 1.67 \times 10^{-3}$$

$$p_{CO1} = 169.18 \text{ Pa}$$

当 $a_C = a_{C2} = 0.004$ 时，由式（2-51）计算得

$$p_{CO2}/p^\ominus = \sqrt{1.4 \times 10^{-4} \times 0.004} = \sqrt{5.6 \times 10^{-7}} = 7.48 \times 10^{-4}$$

$$p_{CO2} = 75.73 \text{ Pa}$$

可见，p_{CO1} 和 $p_{CO2} > p_{真空度} = 0.13～1.33$ Pa，实验结果如图 2-8 所示。

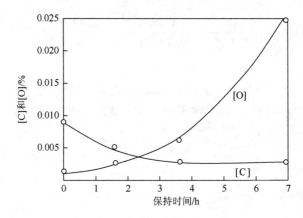

图 2-8　MgO 坩埚，真空度 0.013～0.13 Pa 下[C]和[O]的变化

　　结论：①反应式（2-50）向右进行，MgO 坩埚被腐蚀；②高真空条件下 MgO 坩埚熔炼会伴随着脱碳过程，不加任何脱碳剂便可以实现脱碳效果。

2.5.4　Al₂O₃ 坩埚

　　上述的不锈钢返回料在真空感应炉中，用氧化铝坩埚（Al₂O₃），在 1600℃和真空度为 0.13～1.33 Pa 进行熔炼。原料中碳质量分数为 0.02%，铝质量分数为 0.04%，此时 Al₂O₃ 坩埚可否被腐蚀？

　　解　假设腐蚀反应能进行，有如下反应：

（Ⅰ）[C]还原 Al₂O₃ 坩埚反应：

$$Al_2O_3(s) + 3[C] \rightleftharpoons 2[Al] + 3CO(g), \Delta G_1^\ominus = 1301224 - 598.31T$$

反应的平衡常数为

$$K_1 = \frac{(p_{CO}/p^\ominus)^3 \cdot a_{Al}^2}{a_C^3}$$

当 $T = 1600℃ = 1873$ K 时，

$$\Delta G_1^\ominus = 1301224 - 598.31 \times 1873 = 180589(J)$$

$$\Delta G_1^\ominus = -RT\ln K_1$$

$$\lg K_1 = -\frac{\Delta G_1^\ominus}{19.15 \times 1873} = \frac{-180589}{35868} = -5.03$$

$$K_1 = 9.5 \times 10^{-6}$$

（Ⅱ）求反应平衡时 CO 的分压（p_{CO}）：

$$K_1 = \frac{(p_{CO} / p^{\ominus})^3 \cdot a_{Al}^2}{a_C^3}$$

$$a_C = w[C]_\% \cdot f_C = 0.02 \times 0.2 = 0.004$$

$$a_{Al} = w[Al]_\% \cdot f_{Al} = 0.04 \times 0.75 = 0.03 \quad (f_{Al} = 0.75)$$

$$K_1 = 9.3 \times 10^{-6}$$

$$(p_{CO} / p^{\ominus})^3 = \frac{K_1 \cdot a_C^3}{a_{Al}^2}, \quad (p_{CO} / p^{\ominus}) = \sqrt[3]{\frac{K_1 \cdot a_C^3}{a_{Al}^2}}$$

$$(p_{CO} / p^{\ominus}) = \sqrt[3]{\frac{9.3 \times 10^{-6} \times (0.004)^3}{(0.03)^2}} \approx 9.2 \times 10^{-4}$$

$$p_{CO} = 9.2 \times 10^{-4} \times 10^5 = 92(\text{Pa})$$

（III）结论：$p_{CO} = 92 \text{ Pa} > 1.33 \text{ Pa}$ 时，真空下可使反应向右进行，引起 Al_2O_3 坩埚被腐蚀。

2.5.5　ZrO 坩埚

用 ZrO 坩埚冶炼的钢液中含有碳，假定钢液中的[C]与 ZrO 坩埚的反应式为

$$ZrO_2(s) + 2[C] \rightleftharpoons [Zr] + 2CO(g), \quad \Delta G^{\ominus} = ?$$

$$Zr(s) \rightleftharpoons [Zr], \Delta G_{(2\text{-}52)}^{\ominus} = -64434 - 42.38T \tag{2-52}$$

$$ZrO_2(s) \rightleftharpoons Zr(s) + O_2(g), \Delta G_{(2\text{-}53)}^{\ominus} = 107947 - 179.08T \tag{2-53}$$

$$O_2(g) \rightleftharpoons 2[O], \Delta G_{(2\text{-}54)}^{\ominus} = 2(-117152 - 2.89T) \tag{2-54}$$

$$2[C] + 2[O] \rightleftharpoons 2CO, \Delta G_{(2\text{-}55)}^{\ominus} = 2(-17154 - 42.51T) \tag{2-55}$$

式（2-52）＋式（2-53）＋式（2-54）＋式（2-55）得

$$ZrO_2(s) + 2[C] \rightleftharpoons [Zr] + 2CO(g), \Delta G^{\ominus} = \Delta G_{(2\text{-}52)}^{\ominus} + \Delta G_{(2\text{-}53)}^{\ominus} + \Delta G_{(2\text{-}54)}^{\ominus} + \Delta G_{(2\text{-}55)}^{\ominus}$$

$$= -746426 - 312.17T$$

当 $T = 1600℃ = 1873 \text{ K}$ 时，

$$\Delta G_{1873}^{\ominus} = 746426 - 312.17 \times 1873 = 161731.59(\text{J})$$

因为

$$\Delta G^{\ominus} = -RT\ln K = -19.15T\lg K = -19.15T\lg \frac{(p_{CO} / p^{\ominus})^2 \cdot a_{Zr}}{a_C^2}$$

所以

$$\lg K = \frac{-\Delta G^{\ominus}}{19.15T}$$

当 $T = 1600℃ = 1873\text{ K}$ 时，

$$\lg K = -\frac{\Delta G^{\ominus}_{1873}}{19.15T} = \frac{-161731.59}{19.15 \times 1873} = -4.51$$

$$K = 3.1 \times 10^{-5}$$

假定熔池中熔炼初期 $w[\text{Zr}]_{\%初} = a_{\text{Zr(初)}} = 0.01$；熔池中熔炼末期 $w[\text{Zr}]_{\%末} = a_{\text{Zr(末)}} = 0.04$；熔池中熔炼初期 $w[\text{C}]_{\%初} = 0.02 = a_{\text{C(初)}}$；熔池中熔炼末期 $w[\text{C}]_{\%末} = 0.004 = a_{\text{C(末)}}$。则，根据

$$K = \frac{(p_{\text{CO}} / p^{\ominus})^2 \cdot a_{\text{Zr}}}{a_{\text{C}}^2}; \quad p_{\text{CO}} / p^{\ominus} = \sqrt{\frac{K \cdot a_{\text{C}}^2}{a_{\text{Zr}}}}$$

在 1600℃ 时，

$$p_{\text{CO(初)}} = \sqrt{3.1 \times 10^{-5} \times \frac{0.02^2}{0.01}} \times p^{\ominus} = \sqrt{\frac{1.24 \times 10^{-8}}{0.01}} \times 10^5 = 110(\text{Pa})$$

$$p_{\text{CO(末)}} = \sqrt{3.1 \times 10^{-5} \times \frac{0.004^2}{0.04}} \times p^{\ominus} = \sqrt{\frac{4.96 \times 10^{-10}}{0.04}} \times 10^5 = 11.1(\text{Pa})$$

当真空度高（炉内压强＜11.1Pa）时，ZrO_2 坩埚将被[C]还原而被腐蚀。

在 1600℃ 条件下，在真空感应炉中，当真空度高（炉内压强＜1.33Pa）时，冶炼含有微量碳的钢，MgO、Al_2O_3 和 ZrO_2 三种坩埚均将被[C]还原而被腐蚀。

解决坩埚被腐蚀的办法有两种：第一，尽量降低碳的质量分数，当原料中碳的质量分数小于 0.004% 时，使用 ZrO_2 坩埚是可行的；第二，降低熔炼真空度，前提条件是能满足其他质量的要求。

第3章　真空感应熔炼

3.1　感应炉熔炼的形成和发展现状

真空感应炉大约始于 1920 年，用于熔炼镍铬合金。直到第二次世界大战，真空技术的进步使真空感应炉熔炼开始真正发展起来。第二次世界大战期间，欧美等地区和国家已达到了实用阶段，并取得了飞速发展，日本也相继采用。这种方法多用于熔炼耐热钢、轴承钢、纯铁、铁镍合金、不锈钢等多种金属材料。该方法使材料的断裂强度、高温韧性、耐氧化性等性能都得到显著改善。

真空感应炉一般用无铁芯型的感应圈，感应圈设置在炉体内的称为内热型，设在真空炉体外的称为外热型。外热型感应炉主要是小型炉，容量多为 0.5～3 kg，电源多数用高频发生器。内热型炉，小型炉也可用，但主要用在大型炉上。1956 年时真空感应炉的容量已达到 1.0～1.5 t，甚至到 2.3 t。1962 年达到了 5.4 t，主要为真空电弧炉制作电极用。这种炉子熔炼效果好，活泼金属消耗少，成分容易控制。

由于大型真空抽气设备（如增压泵）的出现，真空感应炉逐步向大型化发展。以美国为例，1969 年，真空感应炉的容量已达到 27 t、60 t 的规模，满足了各种金属材料工业化生产的需求。西欧各国也在 20 世纪 60 年代，将炉子向大型化发展并不断改进。使用大型炉可在冶炼过程中不破坏真空，在装料、铸模准备及浇铸操作等过程实现连续的或半连续的真空感应熔炼。自动控制操作可提高冶炼速度和效果。近年来，美国、日本等国家在所用的坩埚耐火材料表面上喷涂一层内衬，大大地提高了坩埚的使用寿命，减少了对熔炼金属的污染。

3.2　感应炉熔炼工作原理

感应炉的工作原理基于下述两个电学的基本定律。

1）法拉第电磁感应定律

法拉第电磁感应定律表示为式（3-1）：

$$E = -\frac{\mathrm{d}\varphi}{\mathrm{d}t} \tag{3-1}$$

式中，E——闭合回路中的感应电动势瞬时值，V；

　　　φ——磁通量数，Wb；

　　　t——时间，s。

2）焦耳-楞次定律

焦耳-楞次定律可以表示为式（3-2）：

$$Q = 0.24I^2Rt \tag{3-2}$$

式中，Q——交变电流产生的热量，J；

　　　I——感应电流，A；

　　　t——时间，s。

利用交变电流作用到感应线圈产生交变磁场，交变磁场在炉料上感应出交变的电流——"涡流"，炉料靠"涡流"加热并熔化。图 3-1 是真空感应加热基本模型。

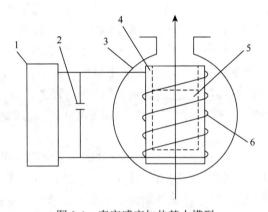

图 3-1　真空感应加热基本模型

1. 电源；2. 电容器；3. 真空室；4. 坩埚；5. 金属材料；6. 感应器

因此，金属炉料中产生的感应电动势为

$$E(V) = 4.44 \cdot \Phi \cdot f \cdot n \tag{3-3}$$

式中，Φ——交变磁场的磁通量，Wb；

　　　f——交变电流的频率，Hz；

　　　n——炉料所形成回路的匝数，通常 $n = 1$。

金属炉料中产生的感应电流可以表示为

$$I(A) = \frac{4.44 \cdot \Phi \cdot f}{R} \tag{3-4}$$

式中，R——金属炉料的有效电阻，Ω。

感应电炉可以生产钢、高温合金、精密合金、有色金属及其合金。配备真空系统的真空感应炉更是冶炼优质钢和合金的重要设备。在真空感应炉基础上出现冷坩埚熔炼和悬浮熔炼，两者结合又形成了冷坩埚悬浮熔炼技术。感应加热与其他电加热方法结合形成等离子感应炉、电渣感应炉和电弧感应炉等新的冶金手段。感应加热方法用于钢水炉外处理产生了感应钢包炉、中间包感应加热等新的应用。图 3-2 是传统的真空感应炉简图。

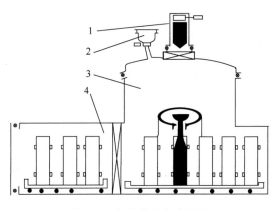

图 3-2　传统的真空感应炉

1. 主加料室；2. 合金加料室；3. 熔炼室；4. 锭模室

3.3　真空感应炉的设计

真空感应炉的设计通常包括熔炼坩埚的设计、感应器的设计、真空感应炉的功率计算和感应器电气计算等几个方面。

3.3.1　坩埚设计

在真空感应炉中，感应器和被加热或被熔化的金属之间的填充物称为炉衬。炉衬一般由耐火层、隔热层和绝缘层组成。

耐火层在感应熔炼炉中就是坩埚。坩埚一般采用耐火材料打结，然后烧结而成，也可以是预制类坩埚。

隔热层用于耐火层和感应器间隔热，一般采用石棉纸板、石棉布、硅藻土砖、蛭石、膨胀珍珠岩、高硅氧玻璃棉、碳或石墨纤维制品。

绝缘层用于防止感应器漏电，因它处于较高的工作温度，除满足电绝缘要求外，还应能耐高温，一般是用无碱或少碱玻璃布、天然云母等材料制作。

在真空感应炉中，坩埚的质量和寿命决定了炉子的利用率和效率。同时对铸锭的产品质量也有较大的影响。对于耐火材料打结坩埚而言，选择耐火材料、打结工艺和烧结过程至关重要。

　　打结坩埚用的耐火材料必须具备以下条件：①耐火材料的晶相性能优良，具有足够高的耐火度和高温强度。②热膨胀系数小，无异常膨胀，不易剥落和龟裂。③化学稳定性好，不与熔融金属、炉渣、精炼剂、炉内气氛及其他可能存在的物质发生化学反应。不会使杂质掺入被熔炼金属而影响熔炼质量。④能经受住金属熔液的压力、冲刷和高温机械磨损。⑤便于打结、浇注和烧结，价格便宜。

　　目前还找不到一种材料能够同时满足上述要求，因此在选择坩埚耐火材料时，应根据具体的使用目的和要求，仔细对比决定。

　　真空感应炉的炉膛结构如图 3-3 所示。

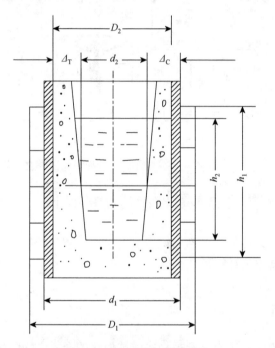

图 3-3　真空感应炉坩埚结构

　　（1）确定坩埚的有效容积 V_g。

$$V_g(\text{cm}^3) = \frac{10^3 m}{\rho_m} \tag{3-5}$$

式中，m——炉子的额定容量，kg；

　　　　ρ_m——熔融金属的密度，g·cm^{-3}。

　　（2）确定坩埚的装料容积 V_z。

　　由于金属液的搅动和可能的超装，坩埚的装料容积比有效容积大 25%～30%，即

$$V_z = \frac{V_g}{75\%} = 1.3 V_g = 1.3 \times 10^3 \times \frac{m}{\rho_m} \tag{3-6}$$

（3）坩埚内径 d_2 和有效高度 h_2 的合适比值 a。

计算时，必须首先确定坩埚直径 d_2 和有效高度 h_2（即金属熔体高度）的合适比值 $a = d_2/h_2$。

一般可根据经验来确定 a 值，坩埚的容积越小，a 值相应越小。这样便有一定的高度来布置感应器线圈，因此小容量炉子的高度通常比直径大得多。初次设计可参照表 3-1 来选择 a 值。

表 3-1　a 值选择表

a	炉子容量/kg			
	<500	500~1500	1500~3000	>3000
a（$= d_2/h_2$）值	0.5~0.7	0.7~0.75	0.75~0.8	0.8~1

根据坩埚的有效容积 V_g 的计算式（3-5），可导出式（3-7），

$$V_g = \frac{\pi}{4} d_2^2 h_2 = \frac{\pi d_2^2}{4a} \tag{3-7}$$

由此可导出坩埚直径 d_2（平均直径）的计算式为

$$d_2 = \sqrt[3]{\frac{4aV_g}{\pi}} \tag{3-8}$$

熔体高度 h_2 为

$$h_2 = \frac{d_2}{a}$$

需要指出的是，坩埚的实际高度 h_1 也应该比有效高度 h_2 的值大 25%~30%。

（4）坩埚壁厚的确定 Δ_T。

坩埚的壁与绝热层一般统称为炉衬，以图 3-3 中的 Δ_c 代表之，此值也随炉子容量不同而不同，绝热层一般取 5 mm 的石棉板（4~8 mm），由图 3-3 知：$\Delta_T = \Delta_c - 5$。

Δ_c 可参考表 3-2 中推荐值。

表 3-2　Δ_c 值选择表

炉子容量/kg	<500	500~1500	1500~3000	>3000
Δ_c 推荐值	$d_2/4 \sim d_2/6$	$d_2/5 \sim d_2/7$	$d_2/6 \sim d_2/8$	$d_2/8 \sim d_2/10$

3.3.2　感应器设计

感应器（感应线圈）是感应炉的关键部分，电源通过感应器把有功功率传递到被加热或被熔化的金属炉料中。

　　感应器传递功率的能力取决于电流通过感应器所产生的磁场强度，即感应器的安匝数。为了得到大的加热功率，流过感应器的电流是很大的，所以在感应器中的电损失可达炉子有功功率的20%～30%。这一部分的损失将变为很大的热量，加上由被熔金属通过炉衬传来的热量，就使得在一般情况下必须对感应器进行强迫冷却。因此，感应器通常是用空心铜管制成，管内通水冷却。虽然容量小的感应器也可以采用风冷或自然冷却，但是效果不理想。

　　1）感应器的要求

　　真空感应炉的感应器一般需要满足以下几个方面的基本要求：电工要求、机械要求、水冷要求和绝缘要求。

　　2）感应器的结构

　　根据对感应器的要求，感应器都是采用空心紫铜管绕制而成，空心中通冷却水。紫铜管的断面形状采用轧制管。

　　3）感应器的放电与绝缘

　　实际使用中必须对感应器进行绝缘处理，现在多数用有机硅绝缘漆和玻璃丝布带、聚四氯乙烯带进行涂漆和包裹。

　　4）感应器安放位置

　　因电动力较小，所以感应器要尽量往上提，以加强其搅拌作用。为此，感应器上缘应在钢液面之上，感应器下缘要处于坩埚底之下，一般把坩埚置于感应器最下面的1～2匝之间的位置。

　　5）电源频率的选择

　　设备的电效率 η_d 与电流频率 f 有如图 3-4 所示的关系。从图中看到，随电流频率提高，电效率快速上升，但达到一定值后，增加的速度减慢，曲线渐趋于平

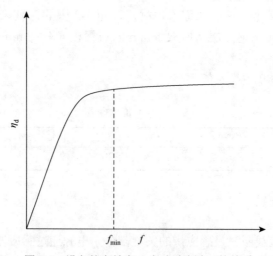

图 3-4　设备的电效率 η_d 与电流频率 f 的关系

缓，曲线中有一个过渡点，即电效率接近最高，而电流频率为最小。很显然，若选用这一频率值为设备参数，可使电效率较高，而频率尽可能低，这应该是理想的选择目标。经过理论分析与推导，求出此最小电流频率 f_{min} 的公式为

$$f_{min}(Hz) = \frac{25 \times 10^8 \rho_2}{d_2^2 \mu_r} \qquad (3-9)$$

式中，ρ_2——导体的电阻率，$\Omega \cdot cm$；

　　　　μ_r——导体的相对磁导率；

　　　　d_2——坩埚的内径，cm。

式（3-9）就是用来计算以选择感应熔炼炉工作频率的重要公式，一般选用较式（3-9）计算出的频率高一档即可，不宜高得太多，以免引起炉料中温差过大或加热时间过长。

6）感应器尺寸的确定

感应器内径 d_1 的确定。由图 3-3 可知：$d_1 = d_2 + 2\Delta$，d_2 和 Δ 已由前面计算求得。

感应器高度 h_1 的确定。若令 $h_1/d_1 = b$，则有 $h_1 = bd_1$。

b 值与炉子容量的关系推荐值见表 3-3。

根据容量选出 b 值，则 h_1 即可求得。

表 3-3　b 值选择表

炉子容量/kg	<500	500~1500	>1500
b 推荐值	1.2	1.1~1.2	1.0~1.1

3.3.3　真空感应炉的功率计算

1）熔化功率计算

将容量为 m kg 的炉料，在 t 小时内加热熔化，所需功率称为熔化功率（又称理论功率）P_x 可用式（3-10）计算：

$$P_x(kW) = \frac{m(i_2 - i_1)}{t} \qquad (3-10)$$

式中，m——炉子容量，kg；

　　　　t——炉子加热熔炼时间，h；

　　　　i_1，i_2——炉料开始加热和加热终了时的热焓，$kW \cdot h \cdot kg^{-1}$。

2）热损耗功率计算

输送给炉子的功率，只有其中一部分用于熔化炉料，还有一部分以热损耗的形式损失掉了，热损耗虽是不希望的，但却是不可避免的，热损耗包括以下几项：由坩埚口向外的热辐射损耗功率 P_f、由坩埚壁向外热传导损耗功率 P_{c1} 和由坩埚底向

外热传导损耗功率 P_{c2}。热损耗计算通常是按炉料最终温度时的热稳定状态计算。

热辐射损耗功率是高温炉料以辐射传热方式，把热量直接传给炉壳，P_f 可用式（3-11）计算：

$$P_f = \sigma A_m \phi \varepsilon_m (T_n^4 - T_w^4) \tag{3-11}$$

式中，σ——斯特藩-玻尔兹曼常量，其值为 5.669×10^{-8} W·m^{-2}·K^{-4}；

A_m——炉料液面面积，m^2；

ε_m——高温炉料黑度，是无量纲、小于 1 的正数；

T_n——炉料最终温度，K；

T_w——炉壳温度，K；

ϕ——遮蔽系数，可查表得。

坩埚壁热量经坩埚壁和绝热层传出，大部分被感应器吸收，少部分散到空间。热损耗功率 P_{c1} 用式（3-12）计算：

$$P_{c1}(\text{W}) = \frac{2\pi h_2 (t_n - t_b)}{\dfrac{1}{\lambda_g} \ln \dfrac{D_2}{d_2} + \dfrac{1}{\lambda_a} \ln \dfrac{d_1}{D_2}} \tag{3-12}$$

式中，t_n——坩埚内表温度，即炉料最终温度℃；

t_b——绝热层外表温度，℃，根据经验取值为 200～300℃；

λ_g，λ_a——坩埚材料与绝热层材料的导热系数，W·m^{-1}·K^{-1}；

D_2，d_1，d_2，h_2——见图 3-3，m。

坩埚底的热量经坩埚和绝热层传给支架及炉壳，热损耗功率 P_{c2} 用平板传热公式计算：

$$P_{c2}(\text{W}) = \frac{t_n - t_b}{\dfrac{\varDelta_g}{\lambda_g A_g} + \dfrac{\varDelta_a}{\lambda_a A_a}} \tag{3-13}$$

式中，A_g，A_a——坩埚底面积及绝热层面积，m^2；

$\varDelta_g$，$\varDelta_a$——坩埚底及绝热垫厚度，m。

根据以上计算，可以得出炉子总损耗功率 P_s、炉子有效功率 P_i 及炉子热效率 η_r：

$$P_s = P_f + P_{c1} + P_{c2} \tag{3-14}$$

$$P_i = P_x + P_s \tag{3-15}$$

$$\eta_r = \frac{P_x}{P_i} \tag{3-16}$$

η_r 值客观地反映了炉子能量的利用程度，是炉子运行的重要经济指标。熔炼用感应炉 $\eta_r = 0.7～0.9$。

3）炉子总功率的确定

感应炉熔炼设备中，炉子总功率 P_z 用式（3-17）计算：

$$P_z = \frac{P_1}{\eta_z} \tag{3-17}$$

式中，$\eta_z = \eta_1\eta_2\eta_3\eta_4$，称为总效率；$\eta_1$ 为中频发电机组的效率，$\eta_1 = 0.8$（若用可掺硅中频电源 $\eta_1 = 0.92$）；$\eta_2 = 0.97$，为电容器的效率；$\eta_3 = 0.8$，为中频感应器的效率；$\eta_4 = 0.95$，为输电线路的效率。

3.3.4　感应器电气计算

（1）计算炉料中的电流透入深度 Δ_2：

$$\Delta_2(\text{cm}) = 5030\sqrt{\frac{\rho_2}{f\mu_2}} \tag{3-18}$$

式中，ρ_2——炉料的电阻率，$\Omega \cdot \text{cm}$；

　　　μ_2——炉料的相对磁导率；

　　　f——感应电流频率，与电源电流频率相同，Hz。

（2）计算感应器中的电流透入深度 Δ_1：

$$\Delta_1(\text{cm}) = 5030\sqrt{\frac{\rho_1}{f}} \tag{3-19}$$

式中，ρ_1——紫铜的电阻率，$\Omega \cdot \text{cm}$；

　　　f——电源电流频率，Hz。

（3）计算炉料有效电阻 R_2。

根据假设条件，感应电流 I_2 全部集中在 Δ_2 层中，并且是均匀分布的，因此感应电流也流过的截面积为 $\Delta_2 h_2$，电流的平均路径长度为 $l = \pi d_2'$，d_2' 称为炉料的有效直径，$d_2' = d_2 - \Delta_2$，炉料有效电阻 R_2 的计算公式为

$$R_2(\Omega) = \rho_2\frac{l_2}{S_2} = \rho_2\frac{\pi d_2'}{\Delta_2 h_2} = \rho_2\frac{\pi(d_2 - \Delta_2)}{\Delta_2 h_2} \tag{3-20}$$

式中，d_2，h_2——坩埚直径和高度，cm；

　　　Δ_2，ρ_2——炉料中电流透入深度和炉料电阻率，cm 和 $\Omega \cdot \text{cm}$。

（4）计算感应器的有效电阻 R_1。

根据计算 R_2 时相同的处理方法，并作一定近似，得出 R_1 的计算公式：

$$R_1(\Omega \cdot \text{匝}^{-1}) = \rho_1\frac{\pi d_1}{\Delta_1 h_1 K_3} \tag{3-21}$$

式中，$K_3 = 0.7 \sim 0.95$，称为感应器的填充系数。

（5）计算炉料的自感系数 L_2。

炉料自感系数 L_2 按式（3-22）计算：

$$L_2(\text{cm}) = \frac{\pi^2 d_2'^2 K_2}{h_2} \tag{3-22}$$

式中，K_2——系数，$K_2 = f(d_2'/h_2)$，可查表得。

（6）计算感应器的自感系数 L_1。

L_1 值按式（3-23）计算：

$$L_1(\text{cm}) = \frac{\pi^2 d_1^2 K_1}{h_1} \tag{3-23}$$

式中，K_1——系数，$K_1 = f(d_1/h_1)$，K_1 可查表得。

（7）计算感应器-炉料系统的互感系数 M。

互感系数 M 可用式（3-24）计算：

$$M(\text{cm}) = \frac{\pi^2 d_2'^2 \sqrt{K_4}}{2h_2} \tag{3-24}$$

式中，K_4——系数，$K_4 = f(h_1/h_2, d_1/h_1)$，$K_4$ 可查表得。

（8）计算炉料的感抗 X_2。

炉料的感抗 X_2 由式（3-25）计算：

$$X_2(\Omega) = 2\pi f L_2 \times 10^{-9} \tag{3-25}$$

（9）计算感应器的感抗 X_1。

感应器的感抗 X_1 由式（3-26）计算：

$$X_1(\Omega \cdot 匝^{-1}) = 2\pi f L_1 \times 10^{-9} \tag{3-26}$$

（10）计算感应器-炉料系统的感抗 X。

感抗 X 由式（3-27）计算：

$$X(\Omega \cdot 匝^{-1}) = 2\pi f L \times 10^{-9} \tag{3-27}$$

（11）计算感应器-炉料系统间的折换系数 P^2。

折换系数 P^2 由式（3-28）计算：

$$P^2 = \frac{X^2}{R_2^2 + X_2^2} \tag{3-28}$$

（12）计算感应器-炉料系统折换后的电阻 R_0。

R_0 可由式（3-29）计算：

$$R_0(\Omega \cdot \text{匝}^{-1}) = R_1 + P^2 R_2 \tag{3-29}$$

（13）计算感应器-炉料系统折换后的感抗 X_0。

X_0 由式（3-30）计算：

$$X_0(\Omega \cdot \text{匝}^{-1}) = X_1 - P^2 X_2 \tag{3-30}$$

（14）感应器-炉料系统折换后的总阻抗 Z_0。

Z_0 由式（3-31）计算：

$$Z_0(\Omega \cdot \text{匝}^{-1}) = \sqrt{X_0^2 + R_0^2} \tag{3-31}$$

（15）计算感应器-炉料系统的电效率 η_{xd}。

η_{xd} 由式（3-32）计算：

$$\eta_{xd} = \frac{P^2 R_2}{R_0} \times 100\% \tag{3-32}$$

（16）计算感应器-炉料系统的电效率因数 $\cos\varphi$。

$\cos\varphi$ 由式（3-33）计算：

$$\cos\varphi = \frac{R_0}{Z_0} \tag{3-33}$$

（17）计算感应器的有效匝数 n_g。

n_g 由式（3-34）计算：

$$n_g(\text{匝}) = \frac{U_g}{Z_0} \sqrt{\frac{R_0}{P_g \times 10^3}} \tag{3-34}$$

式中，U_g——感应器的端电压，V；

P_g——感应器功率，如果将中频发电机功率全部输入时，P_g 就等于发电机功率 P_f，kW。

（18）计算感应器的铜管外径 d_v。

d_v 由式（3-35）计算：

$$d_v(\text{cm}) = \frac{h_1 K_3}{n_g} \tag{3-35}$$

式中，h_1——感应器高度，cm；

K_3——填充系数；

n_g——感应器的有效匝数。

d_v 求出后，即可选择制作感应器所用的铜管，按国家标准确定规格。

（19）计算电容器组的无功功率 Q_c。

Q_c 可按式（3-36）计算：

$$Q_c(\text{kVar}) = \frac{P_f}{\cos\varphi} \tag{3-36}$$

式中，P_f——中频发电机功率，kW；

$\cos\varphi$——感应器-炉料系统的电效率因数。

（20）计算所需补偿电容量 C。

C 可按式（3-37）计算：

$$C(\mu\text{F}) = \frac{Q_c \times 10^9}{U_g^2 \times 2\pi f} \tag{3-37}$$

（21）计算电容器的数量 n_c。

n_c 用式（3-38）计算：

$$n_c = \frac{C}{C_m} \tag{3-38}$$

式中，C_m——每个电容器的电容量，μF；

C——补偿电容量，μF。

（22）计算通过感应器的电流 I_g。

I_g 可用式（3-39）计算：

$$I_g(\text{A}) = \frac{Q_c}{U_g} \times 10^3 \tag{3-39}$$

（23）计算感应器有效截面上的电流密度 δ_g。

δ_g 用式（3-40）计算：

$$\delta_g(\text{A} \cdot \text{mm}^{-2}) = \frac{I_g}{S_g} \tag{3-40}$$

式中，S_g——感应器铜管有效导电面积，mm²；

I_g——通过感应器的电流，A。

紫铜管制作的感应器，在冷却良好的条件下，允许通过中频电流密度可达 100 A·mm⁻²，设计时取值为 40～60 A·mm⁻² 以下。

（24）计算感应器之外径 D_1。

D_1 用式（3-41）计算：

$$D_1(\text{cm}) = d_1 + 2d_v \tag{3-41}$$

式中，d_v——感应器铜管直径，cm。

3.3.5　计算举例

某真空感应炉的主要技术参数为：①坩埚容量：200 kg（以钢计）；②最高工作温度：1700℃；③熔炼电源：IGBT 晶体管模块式中频电源；④电源容量：250 kV·A；⑤频率：2500 Hz；⑥熔化时间：60 min；⑦极限真空度：6.67×10^{-3} Pa；⑧抽气时间：从大气状态抽至 2×10^{-1} Pa 小于 20 min；⑨进水水压：0.2～0.4 MPa；⑩压缩空气：0.5～0.6 MPa；⑪进水温度：约 25℃；⑫出水温度：≤45℃；⑬升压率：≤1 Pa·h^{-1}（关闭 1 h 后测量）。

由以上主要技术参数计算的结果如表 3-4～表 3-6 所示。

坩埚及感应器的尺寸计算结果如表 3-4 所示。

表 3-4　坩埚及感应器的尺寸

序号	计算项目	符号	单位	计算值	备注
1	坩埚工作容积	V_g	cm^3	27777.8	
2	坩埚总容积	V_z	cm^3	36111.1	
3	坩埚平均直径	d_2	cm	28.68	取 30
4	坩埚中料柱高度	h_2	cm	43.02	取 40
5	坩埚高度	h_2'	cm	55.9	取 56
6	坩埚壁厚	Δ_T	cm	4.5～7.0	取 6.5
7	坩埚外径	D_2	cm	43	
8	感应器内径	d_1	cm	44	
9	感应器高度	h_1	cm	53	
10	坩埚底厚	Δ_g	cm	8	

真空感应炉的功率计算结果如表 3-5 所示。

表 3-5　真空感应炉的功率计算结果

序号	计算项目	符号	单位	计算值	备注
1	熔化功率	P_x	kW	84	
2	炉口辐射损耗功率	P_f	W	15419	15.4 kW
3	坩埚壁传导损耗功率	P_{c1}	W	15600	15.6 kW
4	坩埚底传导损耗功率	P_{c2}	W	1367.3	1.37 kW
5	总损耗功率	P_r	kW	32.17	
6	有功功率	P_i	kW	116.17	

序号	计算项目	符号	单位	计算值	备注
7	炉子热效率	η_r		0.72	
8	电气总效率	η_z		0.59	选用中频机组
9	炉子总功率	P_z	kW	196.9	选 200 kW

感应器的电气参数计算结果如表 3-6 所示。

表 3-6　电气参数计算结果

序号	计算项目	符号	单位	计算值	备注
1	炉料中电流透入深度	Δ_2	cm	1.18	
2	感应器中电流透入深度	Δ_1	cm	0.133	
3	炉料有效电阻	R_2	Ω	2.63×10^{-4}	
4	感应器有效电阻	R_1	$\Omega\cdot$ 匝$^{-1}$	4×10^{-5}	
5	炉料自感系数	L_2	cm	153.5	
6	感应器自感系数	L_1	cm	264.5	
7	感应器-炉料系统的互感系数	M	cm	109.5	
8	炉料的感抗	X_2	Ω	2.40×10^{-3}	
9	感应器的感抗	X_1	$\Omega\cdot$ 匝$^{-1}$	4.15×10^{-3}	
10	感应器-炉料系统的感抗	X	$\Omega\cdot$ 匝$^{-1}$	1.72×10^{-3}	
11	感应器-炉料系统间的折换系数	P^2		0.508	
12	感应器-炉料系统的电阻	R_0	$\Omega\cdot$ 匝$^{-1}$	1.74×10^{-4}	
13	感应器-炉料系统折换后的感抗	X_0	$\Omega\cdot$ 匝$^{-1}$	2.93×10^{-3}	
14	感应器-炉料系统的总阻抗	Z_0	$\Omega\cdot$ 匝$^{-1}$	2.91×10^{-3}	
15	感应器-炉料系统的电效率	η_{xd}	%	76.78	
16	感应器-炉料系统的功率因数	$\cos\varphi$		0.060	
17	感应器的有效匝数	n_g	匝	2.64	取 3
18	感应器铜管外径	d_v	cm	15	
19	感应器铜管壁厚	t	cm	0.173	取 2 mm
20	感应器的外径	D_1	cm	56	
21	电容器无功功率	Q_c	kVar	3333.3	
22	电容器容量	C	μF	3396.9	
23	电容器数量	n_c	个	27.18	取 28 个
24	通过感应器的电流	I_g	A	13333	
25	感应器有效截面上的电流密度	δ_g	$A\cdot mm^{-2}$	47.7	

3.4　真空感应炉熔炼工艺

真空感应熔炼工艺包括以下几个阶段：①坩埚准备；②装料；③熔化；④精炼；⑤浇注。

3.4.1　感应炉坩埚耐材制作及烘烤

1. 中频感应炉耐火材料的选择

根据耐火材料的化学性质不同，常用的中频感应炉炉衬耐火材料分为碱性耐火材料、酸性耐火材料和中性耐火材料。根据不同的需要，耐火材料的选择不同。

1）碱性耐火材料

碱性耐火材料适用于熔炼各种钢与合金，尤其适合熔炼不锈钢、高钨钢和高锰钢等。中频炉常用的碱性耐火材料是电熔镁砂，其主要成分是 MgO。这是因为电熔镁砂耐火度高，荷重软化点高，具有很强的抗碱性熔渣侵蚀能力。

镁砂的最大缺点是热稳定性差，导热系数高，容易使炉衬产生裂纹，而且自行弥合能力差，加之电磁力和集肤电流效应，耐火材料选择和应用不当极易发生漏钢。因此感应炉所用的镁砂要求 MgO 含量尽可能高。一般情况下，MgO 含量大于 95%，而且要求 CaO 和 SiO_2 含量小于 4.5%。除了对 MgO、CaO、SiO_2 具有严格要求外，对易导磁物质（如 Fe、Fe_2O_3 等）更要严格控制，因为在感应加热过程中，这些物质被感应后，其自身产生涡流而熔化，最终导致炉衬被烧穿损坏而漏钢，因此耐火材料在使用前必须经过认真磁选。

2）酸性耐火材料

在熔炼碳素钢、铸铁或硅铁的情况下，一般选用酸性耐火材料。酸性耐火材料应用最广的是石英砂。石英砂的耐火度与其纯度密切相关。作为感应炉炉衬材料，石英砂中 SiO_2 含量应大于 98%，Al_2O_3、CaO 和 Fe_2O_3 等杂质含量应低于 2%，特别是碱金属氧化物如 CaO、Na_2O 含量应小于 0.2%，因为它们能够和 SiO_2 形成低熔点的化合物而降低石英砂的耐火度，从而影响炉衬的寿命。石英砂在使用前也要进行磁选，以便除去磁性杂质，防止漏钢。

3）中性耐火材料

无论是碱性耐火材料还是酸性耐火材料，它们在加热时体积不稳定，因此在使用过程中炉衬易产生裂纹。感应炉常用的中性耐火材料指的是 Al_2O_3 大于 95%的刚玉质耐火材料。它具有很高的化学稳定性，在高温下体积稳定，不易产生裂纹，荷重软化点很高，其使用温度可达到 1750℃。因此，在熔炼高合金钢或合金时，也选用刚玉质耐火材料作为炉衬。

2. 碱性耐火材料（镁砂）的粒度配比

感应炉炉衬的使用寿命与所选用耐火材料的粒度有很大关系。合理的粒度配比可以使炉衬的气孔率最小，致密性最高，烧结性能最好和耐激冷激热性好。用于打结炉衬的耐火材料一般分粗粒度、中粒度和细粉三种。

粗粒指的是当量直径在 2～7 mm 的砂料。在炉衬中起骨架作用，使炉衬具有一定的强度，以便承受各种作用力。粗粒度砂料占全部砂料重量的 30%。

中粒指的是当量直径在 0.5～2 mm 的砂料。在炉衬中起到填充粗粒度砂料的间隙作用，以增加其堆积密度，改善炉料的烧结性能，提高炉衬的强度。中粒度砂料占全部砂料重量的 40%。

细粉指的是粒度小于或等于 0.5 mm 的砂料。它在炉衬中的作用是保证炉衬的烧结性能和质量，以及烧结网络的连续性，使炉衬具有良好的致密性。粉料占全部砂料重量的 30%。

3. 炉衬的厚度

炉衬的厚度对炉衬的使用寿命、中频电源的输出功率和炉料的加热速率具有很大影响。炉衬太厚，电源的输出功率低，炉料的加热速率慢，但炉衬的使用寿命长；炉衬薄，电源的输出功率高，炉料的加热速率快，但炉衬的使用寿命短。

炉衬厚度一般要求在 60～100 mm。

4. 黏结剂和黏结剂加入量

在打结感应炉炉衬时，除使用耐火材料外，还要添加必要的黏结剂，如硼酸、卤水、水玻璃等。在这些黏结剂中，硼酸较好。硼酸的作用是降低烧结温度。硼酸在加热时分解，以 B_2O_3 的形式存在于砂料中。当炉衬被加热至 1000～1300℃时，砂料中的 MgO 与 B_2O_3 反应，形成低熔点化合物 $MgO \cdot B_2O_3$ 和 $2MgO \cdot B_2O_3$，它们的熔点分别为 1142℃ 和 1342℃，从而降低烧结温度，改善了烧结条件，提高了烧结质量。硼酸还可以调节坩埚体积的变化率，使炉衬裂纹倾向性减小。除了增加烧结层烧结强度外，硼酸使炉衬和感应圈之间有一层松软过渡带，不仅会缓冲体积变化，也可以缓解内应力，减少由裂纹引起的漏钢事故。硼酸的加入量不可过多或过少，过多会使炉衬耐火度降低，使炉衬的工作温度下降，炉衬寿命低；过少会使炉衬烧结质量差，强度低，炉衬寿命短。硼酸的加入量一般为砂料重量的 0.6%～0.9%为宜。

5. 炉衬打结前的准备

炉衬打结之前，要详细检查感应圈有无漏水、渗水现象，感应圈匝间有无短路，炉衬样模外形是否平整光滑。若发现问题应及时处理。

检查后，需要在感应圈内侧铺好一层钢纸或石棉布及玻璃纤维布等。它们的作用有两个，一是增加感应圈与炉衬之间的绝缘效果，二是防止砂料在打结过程中从感应圈匝间溢出。

上述工作做完后，需要在炉底内铺一层约 10 mm 厚的细镁砂粉（镁砂粉预先用水和好，水的加入量约为粉料的 5%，和好的镁砂微微潮湿即可）。然后将炉底座砖安放到炉底上。炉底座砖孔中心必须与感应圈同心，且要平直。

6. 炉衬的打结

1）和料

将粗、中颗粒的镁砂按比例配好后拌和均匀，加入少量细粉（约 1/2 细粉总量），用水和均匀养生水 1 h 左右，水的用量约为砂料的 11%。

打炉前将剩余的细粉全部加入养生料中一起和匀。将和好的料摊开，将硼酸撒在上面，硼酸的粒度小于 0.5 mm，然后拌和均匀。注意，加入硼酸后一定要多和几遍，以免硼酸不均匀，造成炉衬局部损坏。

2）打结

打结炉衬前应将样模外包三四层马粪纸，然后用塑料胶带捆实（紧）。炉衬底部是整个炉衬的关键部位。

向炉底加和好的镁砂捣打料，加入的捣打料一定要均匀。加完料后，先用铁钎将料摊平，并用铁钎将座砖和感应圈周围的料捣实，再用大平头工具打平，然后再用捣固机捣打。等打完一层后，用尖钎将表面层砂料划松，然后再加入下一批砂料，以免打结分层。打结炉底每批料加入量应在 20～30 mm。如此反复，直至炉底打结厚度与座砖平齐为止。

炉底打完后，用钢钎将贴近感应圈附近的打结表面层划松，宽度在 120 mm 左右，因为此部位是炉底和炉壁的交界处，是整个炉衬最薄弱的部位，最易产生裂纹。因此必须注意打结质量，防止在烧结过程中产生裂纹。

打结炉壁时，首先将炉衬样模安放在感应圈内，一定要注意样模要对中，保持样模外壁与感应圈内壁之间距离相等，然后再加入捣打料进行捣打。捣打料要分批加入，每批加入量厚度不要超过 40～50 mm。每打结完一层后，同样要用尖钢钎划松表面层，再加入下一批捣打料。打结过程中，要注意观察样模的位置是否移动，不要造成炉衬厚薄不均匀而影响炉衬的使用寿命。

炉衬打结完后，要自然干燥 48 h 再进行烧结。

7. 炉衬的烧结

烧结时，首先利用样模进行感应加热，当样模外所包的马粪纸完全燃烧后，取出炉衬样模，装入工业纯铁或低碳钢进行熔炼烧结，烧结一般分三个阶段。

第一阶段：850℃以下。主要是去除炉衬中的水分和硼酸的脱水反应。随着温度的升高，残存的碳酸盐开始分解并放出 CO_2 气体，直到 850℃左右全部结束。在此阶段必须缓慢升温以免早期产生裂纹。

第二阶段：850～1400℃。由于硼酸的作用，使得含有 B_2O_3 的低熔点化合物大量形成，如 $CaO \cdot B_2O_3$、$CaO \cdot B_2O_3 \cdot 2SiO_2$、$MgO \cdot B_2O_3$、$SiO_2 \cdot B_2O_3$、$2MgO \cdot B_2O_3$ 和 $3MgO \cdot B_2O_3$ 等，烧结网络迅速形成，炉衬强度增加。在高温期炉衬体积发生较大的收缩。除上述化合物外，镁砂中的低熔点化合物也参与烧结。

第三阶段：1400～1650℃。经过初步烧结后的炉衬继续扩大烧结层厚度，并得到理想的烧结结构。初步烧结后的炉衬内表存在细微裂纹，属正常现象，可通过洗炉钢液的再次烧结使其焊合，并不再向外延伸。

利用钢液烧结炉衬时，第一炉的钢水必须装满，而且在高温下（一般在 1700℃左右）保持的时间不得少于 40 min。如果钢水装入量不够，将会导致钢水面以下的炉衬烧结部位和钢水面以上的炉衬未烧结部位的交接处，由于内应力的作用而在其交接处产生较宽的横向裂纹，影响炉衬使用寿命。如果烧结时间过短，炉衬烧结层太薄，同样影响炉衬的使用次数。

3.4.2　装料

1）原料要求

入炉料的化学成分要准确，金属料要清洁干燥、无油、少锈，选合适的料块尺寸并干燥存放。表 3-7 给出了不同的电源频率下推荐的料块直径数据。

表 3-7　不同电源频率下的合适料块直径

电源频率/Hz	50	150	400	1000	2500	4000	8000
料块直径/mm	219～438	126～252	77～154	48～96	30～60	24～48	18～36

2）原料种类

通常感应炉的入炉原料种类包括钢铁料、合金料、特种添加剂和造渣料等。钢铁料包括生铁、工业纯铁、废钢、返回料等。合金料有：W、Mo、Nb 及其铁合金；Ni、Cr、Co 及其合金；Si、Mn 及其合金；V、B 及其合金；Al、Ti 及其合金；稀土金属及其合金。造渣料包括石灰、萤石、黏土砖碎块。

3）装料要求

炉料下层紧密，上层较松，防止熔化过程上层炉料搭桥；在装大料前先在炉底铺垫一层细小的轻料；高熔点又不易氧化的炉料应装在坩埚的中下部高温区；易氧化的炉料应在金属脱氧良好的条件下加入；为减少易挥发元素的损失，可以合金的形式加入金属熔池或熔炼室中，充以惰性气体，以保持一定的炉膛压力。

　　4）配料计算

　　根据炉料成分和熔炼产品的控制成分计算出入炉原料的种类和质量。感应炉由于主要是熔化和升温过程，所以配料计算要求比较精确。配料计算中比较关键的条件是合金元素回收率的确定。

3.4.3　熔化

　　当装料完毕后，封闭真空室，开始抽真空。当真空室压强达到 0.67 Pa 时，便可送电加热炉料。

　　考虑到炉料在熔化过程中的放气作用，熔化初期不要求输入最大功率，而是根据炉料的放气情况，逐渐增大功率，避免大量放气造成喷溅。

　　当出现剧烈沸腾或喷溅时，可采取减少输入功率或适当提高熔炼室压力的办法加以控制。

　　熔池熔清的标志是：熔池表面平静，无气泡逸出。熔清后可转入精炼期。

3.4.4　精炼期

　　精炼期的主要任务是进一步净化炉料（脱氧、脱气、去除有害杂质）、调整成分、调整温度。精炼期的重要工艺参数有三个，即精炼期的温度、真空度及在真空下保持的时间。

　　精炼期的温度：控制在所冶炼金属的熔点以上 100℃。

　　真空度：大型真空感应炉通常在 15～150 Pa；小型炉则为 0.1～1 Pa。

　　精炼时间：200 kg 的炉座为 10～15 min；1 t 左右为 60～100 min。

　　高温沸腾：真空冶炼利用碳脱氧，可以将氧降到很低的水平。精炼初期，碳氧气浓度较高，碳氧反应很强烈，此时由于生成大量的 CO 而出现沸腾。CO 的放出及相伴而生的沸腾，对液体金属强烈搅拌，这对气体（如 N_2 和 H_2）和非金属夹杂物的排除以及合金成分的均匀化都是十分有利的。保持较高的温度和较高的真空度，有利于熔池中各种反应的进行，有利于有害杂质的挥发和夹杂物的分解，所以希望精炼期既有较高的温度，又能保持较高的真空度。真空感应熔炼时间的长短依温度和真空度而定。

　　调整成分：调整成分又称合金化，在脱氧和脱气良好的情况下进行，通过添加合金元素来实现。由对合金性能的要求决定添加元素的种类及数量，根据合金元素与氧的亲和力大小和易挥发程度决定加入的先后顺序及加入条件。每加一种元素后，都应当加大功率进行一定时间的搅拌，以加速熔化并使之分布均匀。

3.4.5　出钢和浇注

合金化结束后，坩埚中的金属液达到预定的成分和温度，真空度也符合要求可出钢；采用真空浇注，小型炉用上注，大型炉也可以下注。

3.5　感应炉真空碳脱氧

3.5.1　真空碳脱氧的基本原理

1）真空碳脱氧的热力学分析

真空碳脱氧的反应式可以表示为

$$[C] + [O] \Longrightarrow CO(g), \Delta G^{\ominus} = -4100 - 10.16T(J \cdot mol^{-1})$$

在铁液中，

$$\lg K_{Fe} = \frac{1168}{T} + 2.07$$

在镍液中，

$$\lg K_{Ni} = \frac{3228}{T} + 2.26$$

则

$$K_{Fe} = \frac{p_{CO}}{f_c w[C]_\% \cdot f_O w[O]_\%} = \frac{p_{CO}}{M} \quad (\text{其中 } M = a_C \cdot a_O = f_C w[C]_\% \cdot f_O w[O]_\%)$$

$$M = \frac{1}{K_{Fe}} \cdot p_{CO} \tag{3-42}$$

因此可知：①碳脱氧反应为弱放热反应（$\Delta H = -4100 \text{ kJ} \cdot mol^{-1}$），而且温度 T 对平衡常数 K_{Fe} 影响不明显；②当体系压强 p_{CO} 降低时，M 降低，同时钢液中的 $w[O]_\%$ 降低，即提高真空度，能够增加碳的脱氧能力。

2）真空下碳脱氧能力

由式（3-42）可知，

$$M = \frac{p_{CO}}{K_{Fe}} \qquad (3\text{-}43)$$

在一定温度下，K_{Fe} 为常数，因此在一定温度下，p_{CO} 降低时，M 降低（表征脱氧能力的增强）。

（1）当 $p_{CO} = 1 \ \mathrm{atm} = 1 \times 10^5 \ \mathrm{Pa}$ 时，则 $M_1 = \dfrac{1 \times 10^5}{K_{Fe}}$；

（2）当 $p_{CO} = 1 \times 10^{-5} \ \mathrm{atm} = 1 \ \mathrm{Pa}$ 时，则 $M_2 = \dfrac{1}{K_{Fe}}$；

则
$$\frac{M_1}{M_2} = 10^5$$

因此，在一定温度下，体系的真空度由 1 atm 提高到 1 Pa 时，碳脱氧的能力可以提高 10^5 倍。

3）真空下碳与其他元素脱氧能力的比较

在 1600℃ 下比较 C、Zr、Al、Al + 0.5%C、Si、Si + 0.25%Mn、Si + 0.5%Mn、Mn、Cr、Fe 的脱氧能力如图 3-5 所示。

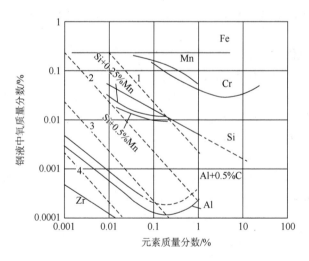

图 3-5　1600℃ 下碳和其他元素的脱氧能力比较

1. $p_{CO} = 10^5 \ \mathrm{Pa}$；2. $p_{CO} = 10^4 \ \mathrm{Pa}$；3. $p_{CO} = 10^3 \ \mathrm{Pa}$；4. $p_{CO} = 10^2 \ \mathrm{Pa}$

从图 3-5 中可以看出，当真空度 = $p_{CO} = 100 \ \mathrm{Pa}$ 时，碳的脱氧能力已经超过 Al。而实际真空感应熔炼过程中真空度多在 $p_{CO} = 10^{-1} \sim 10^1 \ \mathrm{Pa}$，可见碳的脱氧能力是极强的，可以获得超低氧的金属或合金。而且，脱氧产物 CO 会逸出钢液，不会造成二次污染。

3.5.2　真空碳脱氧的特点

1）真空下碳脱氧的沸腾及其精炼作用

真空下碳脱氧的沸腾及其精炼作用：可均匀钢液成分和温度；促进夹杂物上浮；CO 气泡可脱除钢液中的[N]和[O]，起到良好的精炼作用。表 3-8 是实际冶炼的例子。

表 3-8　真空感应炉冶炼 000Cr30Mo2 钢时 $w[C]_\%$、$w[N]_\%$ 和 $w[O]_\%$ 的变化

冶炼工艺和时间	$w[C]_\%$	$w[N]_\%$	$w[O]_\%$	真空度/Pa
熔清后 10 min	0.012	0.0215	0.0190	3000
沸腾 30 min 后	0.005	0.0139	—	<3000
沸腾 165 min 后	—	0.0101	0.0045	<4～3000

2）真空下碳可以还原金属氧化物

这些被还原的金属氧化物不仅是坩埚材料，还可能是钢中的氧化物夹杂（如 SiO_2、Al_2O_3 等），其造成的影响有以下几点。

（1）碳与氧化物间的还原反应，可降低钢中夹杂物，又可实现化合态氧的减少，表现为钢中全氧 T.O 的降低，其反应有以下两种。

$SiO_2(s) + 2[C] \rightleftharpoons [Si] + 2CO(g)$，该反应使钢液中 $w[SiO_2]_\%$ 降低，又可引起钢液中[Si]的增加，使得成分波动；

$Al_2O_3(s) + 3[C] \rightleftharpoons 2[Al] + 3CO(g)$，该反应使钢液中 $w[Al_2O_3]_\%$ 降低，同时造成[Al]的增加。

（2）碳与钢液表面的氧化膜反应，有利于精炼和提高钢的质量。

（3）碳与坩埚（SiO_2、MgO、Al_2O_3 或 CaO 等）反应，使坩埚被腐蚀，降低了其使用寿命，同时还会被有害元素沾污。

3.5.3　影响真空碳脱氧的因素

1）反应体系的真空度和温度的影响

碳还原氧化物的重要影响因素是体系中的真空度。随着真空度的提高，体系内 p_{CO} 降低，碳脱氧的能力会提高。温度的影响，一方面由于碳脱氧是弱放热反应，温度的提高不利于碳脱氧。但提高体系温度，有利于碳[C]还原金属氧化物（MeO）。表 3-9 是真空度对碳还原金属氧化物温度的影响。

表 3-9　真空度对碳还原金属氧化物温度的影响

真空度/Pa	金属氧化物的还原温度/℃								
	CaO	MgO	Al₂O₃	TiO₂	Ta₂O₅	Nb₂O₃	V₂O₅	Cr₂O₃	SiO₂
10^5	2170	1840	1950	1700	2587	2507	2427	2000	—
10^3	1900	1630	—	—	—	—	—	1550	1764
10^2	1650	1440	—	—	1857	1822	1747	—	1541
10^1	—	—	—	—	—	—	—	1200	1300
10^{-1}	—	—	1350	1100	1432	1422	1347	1050	—

2）钢中合金元素的影响

钢中合金元素的影响主要体现在相互作用系数 e_i^j 对碳的活度系数 f_C 和氧的活度系数 f_O 的影响作用。因此，不同钢液中即使具有相同的 $w[C]_\%$，其还原特性也不同。

3）坩埚反应的影响

碳还原反应生成的 CO 气泡形成和长大的动力学条件：当坩埚中钢液深度超过 1 m 时，钢液的静压力很大，钢液中[C]还原金属氧化物（MeO）生成 CO 难以形核长大，不能排除，会限制[C]的还原反应的进行。表 3-10 是碳还原金属氧化物所需要的压强 p（即真空度值）。

表 3-10　碳还原金属氧化物所需的压强

序号	还原反应	$\lg K = -\dfrac{A}{T} + B$	压强 p/133 Pa
1	$Al_2O_3(s) + 3[C] = 2[Al] + 3CO(g)$	$-\dfrac{59300}{T} + 26.49$	$p_{CO} = w[C]_\% f_C \sqrt[3]{\dfrac{K}{w[Al]_\%^2 \cdot f_{Al}^2}}$
2	$CaO(s) + [C] = Ca(g) + CO(g)$	$-\dfrac{25832}{T} + 9.29$	$p_{CO} = \sqrt{w[C]_\% f_C K}$ *
3	$MgO(s) + [C] = Mg(g) + CO(g)$	$-\dfrac{30932}{T} + 12.97$	$p_{CO} = \sqrt{w[C]_\% f_C K}$ *
4	$ZrO_2(s) + 2[C] = [Zr] + 2CO(g)$	$-\dfrac{38960}{T} + 16.34$	$p_{CO} = w[C]_\% f_C \sqrt{\dfrac{K}{w[Zr]_\%^2 \cdot f_{Zr}^2}}$

*假设 $p_{Ca} = p_{CO}$；$p_{Mg} = p_{CO}$

当真空熔炼含有 Al₂O₃ 夹杂物的 GCr15 钢时，若体系中 p_{CO}<13.47 Pa，熔池中的[C]可以还原夹杂物 Al₂O₃。如果使用 Al₂O₃ 坩埚，坩埚将会被[C]腐蚀。另外，还会造成钢液增 Al。

有研究指出，钢液中 Al₂O₃ 等夹杂物在真空处理和冶炼过程中，对于 Al₂O₃(s) 被[C]还原的热力学计算表明，当真空度高（炉内压强<13.47Pa）时 Al₂O₃(s)可以

被[C]还原。而实际过程中却发现，当钢液深度较深时，如深为 1 m 时，钢液柱的静压强 r_h 约为 68 kPa，再加上表面张力的作用，CO(g)气泡在这样的压强下，真空度仅达到 13.47 Pa 是不够的，其 p_{CO} 需达到 68 kPa 时方可上浮，[C]还原 $Al_2O_3(s)$ 的反应才可能发生。

事实上，真空碳脱氧与坩埚供氧的综合作用决定了钢液中最终氧的质量分数。对于常用的 MgO 坩埚：

$$[C]脱氧：[O] + [C] \Longrightarrow CO(g)$$
$$坩埚供氧：MgO(s) \Longrightarrow Mg(g) + [O]$$

要获得最低的[O]，其工艺条件，一定是在先保证坩埚不供氧的基础上，再强化[C]脱[O]反应。如果发生了坩埚供氧反应，那么，精炼时间越长，其供氧就越多，钢中[O]越高。

4）碳脱氧动力学因素的影响作用

碳氧反应生成的 CO 气泡所受的压强为

$$p_{CO} = p_1 + p_2 + p_3 = p_1 + \rho h \times 10^{-3} + \frac{2\delta}{r} \times 10^{-6} \tag{3-44}$$

式中，p_1——真空度，10^{-5}Pa；

ρ——钢液的密度，g·cm^{-3}；

h——CO 气泡形成处距钢液表面的垂直距离，cm；

δ——钢液的表面张力，dyn·cm^{-1}；

r——初生 CO 气泡的半径，μm。

按照理论计算结果分析，不同坩埚深度 CO 气泡承受的静压强差别很大，但在实际情况下并非如此。感应炉的电磁搅拌作用和 CO 气泡逸出时的沸腾作用，使钢液内不同深度处的 p_{CO} 差别并不大，因此 CO 气泡上浮会促进[C]脱[O]反应进行，使 CO 气泡上浮条件得到改善。真空冶炼过程中，[C]脱[O]的反应主要发生在坩埚内壁的表面处，使 CO 气泡容易形核并长大排除。可见，坩埚比表面积越大，越有利于[C]脱[O]反应的进行。事实上，坩埚容积越大，比表面积反而越小。因此对于大容量的感应炉，为更好地利用碳脱氧反应，应延长脱氧时间，并加强搅拌，才能加速[C]脱[O]反应的进行。

3.6　真空感应炉炼钢时钢中[H]的变化

3.6.1　真空下的脱氢作用

真空脱氢的反应表示为

$$1/2H_2 \Longleftrightarrow [H]$$

$$K_H = \frac{f_H w[H]_\%}{p_{H_2}^{\frac{1}{2}}} \qquad (3\text{-}45)$$

一般钢中 $w[H]_\%$ 很小，因此 $f_H = 1$，则

$$w[H]_\% = K_H \cdot p_{H_2}^{\frac{1}{2}} \qquad (3\text{-}46)$$

可见，在一定的温度下，对于一定的钢液而言，钢液中氢质量分数 $w[H]_\%$ 与 $p_{H_2}^{\frac{1}{2}}$ 成正比。

在一定真空下，气相中氢所占的比例不大。例如，在气相总压为 1 atm 条件下，气相中氢的分压 $p_{H_2} = 2$ kPa；而当气相中的压力为 10^{-6} atm 时，气相中氢的分压为 $p_{H_2} = 0.02$ Pa，即占总压的 20%。

因此，在常压下和真空下冶炼时，氢的溶解度 $w[H]_\%$ 分别为 $0.14 K_H \cdot f_H^{-1}$ 和 $0.44 \times 10^{-3} K_H \cdot f_H^{-1}$。

可见，钢中 $w[H]_\%$ 真空下是常压下的 1/320。因此，真空下脱氢时，真空度最敏感、最有效。

3.6.2　真空脱氢的动力学条件

钢液中[H]扩散或迁移至钢液表面层，呈吸附状态；在扩散层中气体氢原子结合成 H_2：$H + H \Longleftrightarrow H_2$，$H_2(g)$ 从钢液表面逸出进入气相中。

过程的限制性环节是：在扩散层中由[H]到 H_2 和 H_2 由扩散层中逸出进入气相中是最慢的环节。

降低真空感应炉炼钢时氢含量的措施为：①防止在真空感应炉内的水冷部件表面冷凝水；②冷装料的炉子，其炉料要经过干燥处理；③坩埚、炉口和炉嘴等修炉后要严格烘干；④浇注系统要事先预热，去除吸附水；⑤减少炉子漏气；⑥大功率搅拌，便于改善坩埚内的去[H]条件（图 3-6）。

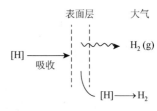

图 3-6　真空感应熔炼脱氢

3.7　真空感应炉炼钢时钢中[N]的变化

3.7.1　真空感应熔炼的脱氮效果

在真空感应熔炼过程中具有良好的脱氮效果：当真空度为 0.1～1.0 Pa 时，经真空熔炼后得到钢中 $w[N]_\%$ 很低，其脱氮率 $\eta_N = 80\% \sim 95\%$。

真空下冶炼不同钢和合金时[N]的变化如表 3-11 所示。图 3-7 给出了真空感应冶炼铬质量分数为 13%不锈钢时氮的分压与钢液氮质量分数的关系。

表 3-11　真空下冶炼不同钢和合金时[N]的变化

钢与合金的成分/%	冶炼过程中氮的质量分数/%				脱氮率/%
	炉料中	熔清后	精炼后	铸锭中	
轴承钢：C1.0，Cr1.5	0.0068	0.0004	0.0001	—	98.5
高强钢：C0.40，Cr0.8，Mo0.25，Ni1.85	0.0029	—	0.0005	0.0002	93.1
超纯 Cr 不锈钢：C0.007，Cr31.0，Mo2.48	0.0280	0.0220	0.0080	0.0060	78.6
镍基合金 GH4220：Cr11，Co15，Mo6，W6，Al4，Ti2.5，V0.5	0.0150	0.0120	0.0020		86.7
镍基合金 M252：Cr20，Co10，Mo10，Al1.0，Ti2.6	0.0170	0.0045	0.0023	—	86.5

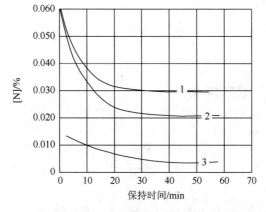

图 3-7　真空感应冶炼铬质量分数为 13%不锈钢时氮的分压与钢液氮质量分数的关系

1. $p_{N_2} = 6\ kPa$；2. $p_{N_2} = 1.3\ kPa$；3. $p_{N_2} = 0.13 \sim 0.013\ Pa$

表 3-12 给出了真空熔炼时不同条件下浇注的钢锭中气体变化。对比可见 N、H 和 O 三种元素的脱除效果。

表 3-12　真空熔炼时不同条件下浇注的钢锭中气体变化

浇注条件	气体质量分数/%		
	[N]	[H]	[O]
真空下浇注与凝固	0.00022	0.000085	0.00005
真空下浇注，氩气下凝固	0.00064	0.000095	0.00006
氢气下浇注与凝固	0.00117	0.000080	0.00007

3.7.2　影响真空感应炉中氮质量分数的因素

1）真空度对钢中[N]的影响

真空是很好的脱氮条件，应该注意的是：钢液中一部分氮是呈固溶状态存在，即[N]，便于真空下去除；还有一部分氮是以化合状态存在。这些氮化物如果在高温和真空条件下能分解，也容易去除，反之，如果不能分解，就难以去除。表 3-13 是氮化物在高温和真空下的分解特性。

表 3-13　氮化物在高温和真空下的分解特性

氮化物分解反应式	氮化物分解温度/℃			
	10^{-1} Pa	10 Pa	10^4 Pa	10^6 Pa
$2Cr_2N \Longrightarrow 4Cr + N_2$	666	876	1207	1807
$2VN \Longrightarrow 2V + N_2$	967	1162	1431	1822
$Ca_3N_2 \Longrightarrow 3Ca + N_2$	1061	1224	1439	1594
$2NbN \Longrightarrow 2Nb + N_2$	1401	1662	2019	2539
$2BN \Longrightarrow 2B + N_2$	1439	1692	2034	2519
$2TaN \Longrightarrow 2Ta + N_2$	1452	1727	2105	2661
$2AlN \Longrightarrow 2Al + N_2$	1665	1917	2245	2688
$2TiN \Longrightarrow 2Ti + N_2$	1943	2250	2656	3217
$2ZrN \Longrightarrow 2Zr + N_2$	2153	2498	2958	3601

从表 3-13 中数据可以看出：①在 1650℃条件下，真空度为 10^{-1} Pa 时，绝大多数氮化物将分解，只有 AlN、TiN 和 ZrN 不分解；②而 Ca_3N_3、VN 和 Cr_2N 在真空度 $10^{-1} \sim 10^4$ Pa 范围内，在 1600℃条件下均可分解；③真空是很好的脱氮条件。

2）真空精炼温度的影响

对有的钢种温度提高有利于脱氮，有的钢种则温度提高影响不明显。这与氮化物的特性有关。对于含 Al、Ti、Zr 和 V 等氮化物钢种时，则必须在更高温度和更高的真空度条件下才可能脱氮，一般要求真空度达到 1×10^{-3} Pa、温度在 1600℃以上才可将这类氮化物分解而脱除。图 3-8 给出了实际冶炼结果。具体条件为：Ti 1.8%～2.3%、V 0.1%～0.5%、Cr 13%～16%、W 5.0%～7.0%、Mo 2.0%～4.0% 的镍基合金，真空度为 1.3×10^{-3} Pa，图 3-8 给出了在不同温度下脱氮和脱氢的实验结果。

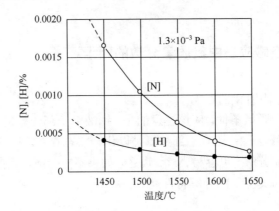

图 3-8　真空精炼温度与气体质量分数的关系（镍基合金）

3）精炼时间的影响

精炼时间的影响与钢中是否含有对氮亲和力强的元素 Ti、V 和 Zr 等有关，另外还与原始氮质量分数 $w[N]_%$ 有关。

4）动力学因素的影响

（1）钢液的真空碳脱氧沸腾：效率最高，效果最明显，脱氮率可达 50%。

（2）钢液的电磁搅拌：可以提高脱氮率。

（3）钢液的吹氩搅拌：同样具有明显的脱氮作用。

第4章 真空电弧熔炼

4.1 概　　述

4.1.1 真空电弧炉的概述及其本质

真空电弧炉熔炼（vacuum arc remelting，VAR）一般分为自耗电极电弧熔炼和非自耗电极电弧熔炼两种，另外还有一种是用来生产铸造金属的壳式熔炼炉。壳式熔炼可以是非自耗电极，也可用自耗电极或两种电极联合使用。

1. 非自耗电极电弧炉熔炼

非自耗电极电弧炉熔炼可以用含钍的钨、石墨或其他高熔点碳化物作电极，在水冷结晶器内利用非自耗电极产生的电弧能量进行金属的熔炼。如图 4-1（a）所示，炉料可以通过密封的料仓由定量的给料器连续地向熔池加入。

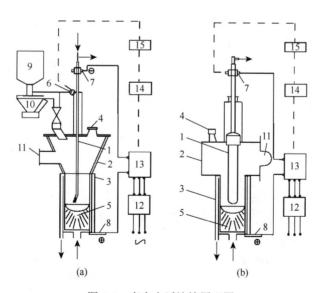

图 4-1　真空电弧熔炼原理图

1. 电极；2. 熔炼室；3. 结晶器；4. 窥视孔；5. 金属锭；6. 密封装置；7. 阴极；8. 阳极；9. 料仓；10. 称量漏斗；11. 真空系统接管；12～15. 供电系统

　　到目前为止，这种非自耗炉除在冶金实验室内制备难熔金属、金属碳化物和各种合金试样外，在美国和欧洲还有一些厂商用它来熔炼海绵钛和海绵锆。

　　非自耗炉是问世最早的一种炉型，目前基本上被自耗电极电弧炉所取代。其原因有三点：一是非自耗炉的非自耗电极沾污金属；二是非自耗炉大多采用保护气氛，因非自耗电极电弧在真空下极不稳定，而在惰性气氛中熔炼时，最好的炉内压强在 0.67~26.7 kPa，在这种压强下，熔炼的金属含气量难以达到质量要求；三是非自耗炉熔炼只有在形成金属熔池后才能开始脱气，因此熔炼速度不可能太快，只能低速熔炼，而且在用直流熔炼过程中有 1/3 的输入功率将消耗于电极上，电能利用率极低。

2. 自耗电极电弧炉熔炼

　　图 4-1（b）表示自耗电极电弧炉熔炼的原理。如图 4-1（b）所示，整个真空自耗炉包括炉体及其附属设备、熔炼室、结晶器、电极升降机构、真空系统、电源设备、自动控制和水冷系统。另外，现代大型真空电弧炉还安装有光学及工业电视观测系统。

　　熔炼是在熔炼室下部水冷结晶器中，靠自耗电极产生的电弧析出的能量使自耗电极熔化，熔化了的金属滴入结晶器中逐渐凝固成锭。

　　这种方法是把金属熔化、精炼提纯和结晶成锭统一在一个真空空间内连续完成的，而且液态金属是在水冷结晶器内以自下而上的顺序定向结晶，获得的产品——重熔钢锭，不仅纯度得到了改善，而且结晶质量也得到了提高，所以真空电弧炉熔炼是一种能综合提高金属质量的新型冶金方法。

　　与真空感应炉相比，真空电弧炉没有炉衬材料的沾污和单独铸锭过程所引起的各种缺陷。其缺点是液态金属存在时间短只能重熔精炼，不能在其中调整成分，同时其脱气程度比真空感应炉差。另外，不能生产铸态合金。

3. 真空壳式电弧炉熔注

　　壳式电弧炉是适应铸造合金生产需要而出现的一种真空电弧炉。这种电弧炉可以采用非自耗电极，也可采用自耗电极，或两者并用皆可。其工作原理与真空电弧炉相同，只是在炉子结构上有某些区别以适应铸造生产的工艺要求。图 4-2 所示为一种小型自耗电极电弧熔炼的壳式炉。

　　壳式熔炼的工作过程是：首先在可倾动浇注的水冷坩埚内放入与熔炼金属相同材料的凝壳（坩埚状）或底料（新品种第一炉）及铸模，铸模视产品而异，可用金属模、石墨模和水冷模。其次是封炉抽真空，当真空度达到预定值时，即可下降自耗电极，引燃电弧，进行自耗电极熔化，熔化了的金属在坩埚内积存，当熔炼完毕时，迅速提升电极（靠液压罐）和翻转坩埚浇注。

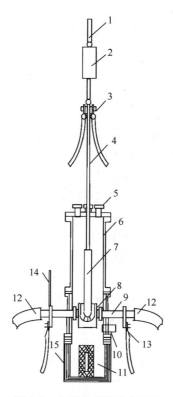

图 4-2　小型壳式熔炼电弧炉

1. 电极升降连杆；2. 快速升降液压罐；3. 上电极接电接头；4. 电极连杆；5. 窥孔；6. 熔炼室；7. 自耗电极；
8. 可倾动水冷坩埚；9. 坩埚倾动和导电轴；10. 接真空系统；11. 铸模；12. 水冷胶管；13. 下电极（坩埚）导电
接头；14. 坩埚倾动扳手；15. 浇注室

在工艺操作上与真空电弧炉的不同点是要尽可能采用大功率高速熔化。

壳式熔炼的优点是没有耐火材料炉衬的沾污；熔池较大，比自耗电极电弧熔炼保持的液态金属时间长，脱气效果较好；可加入合金料调整成分；成分均匀；适于活性金属和合金的精密铸造生产。缺点是设备较复杂，制造大型壳式炉困难，铸造组织缺陷未能改善。

真空壳式电弧熔炼，目前国内外主要用来生产 W、Mo、Ta、Ti、Zr、Hf 和 U 等活性金属和其合金的铸件。用于钢的铸件生产很少，近年来有用它来生产某些高温合金铸件的趋势。

4.1.2　真空电弧熔炼的优点及其适用范围

如前所述，真空电弧熔炼是借助电弧析出的能量，把已知成分的半成品——自耗电极，在真空中进行重新熔化和重新结晶成锭，而在整个过程中没有冶金渣和耐火材料炉衬参与反应的冷炉床熔炼，几乎单纯靠物理过程进行净化性提纯。简言之，真空电弧熔炼的实质是种真空下结晶器中进行的净化性重熔重注过程。

真空电弧熔炼的基本优点：它彻底克服了传统冶金方法所固有的四大致命缺点，克服了由炉衬耐火材料，冶金炉渣、炉气和浇注过程对产品的沾污，从而能综合提高金属质量。

众所周知，一般传统冶金方法获得的锭材在质量上的缺陷，往往不是其化学成分和有害杂质 S、P 等质量分数不合格，而是其纯度不够，即气体和非金属夹杂物去除不够彻底。例如，在较为理想的真空感应炉或电渣炉中，虽然它们可以克服一般冶金方法中某些固有缺点，但它们仍受到某些限制。例如，真空感应炉虽克服了炉气沾污，但还有炉衬、炉渣和注锭过程等对产品的沾污没有获得解决，而电渣炉虽然克服了耐火材料炉衬和注锭过程所引起的沾污，但炉气沾污仍然存在。唯有真空电弧炉、电子束炉和等离子束炉才能全部克服这些缺点，从而成为综合提高金属质量的方法。

当然这些方法也不能认为是万能的，事物总是一分为二，它们的缺点除设备复杂外，对具有高蒸气压组元的钢种和合金生产有某些困难，特别是电子束炉和自耗炉。

真空电弧熔炼还具有下述几个重要优点：①在熔炼过程中自耗电极以层状熔化后呈滴状进入结晶器首先形成熔池，因此使密度小的非金属夹杂物自液体金属中分离上浮达到所谓净化性提纯；②特别重要的是具有快速定向程序结晶过程，可使金属的沾污与夹杂物分布均匀及通过排除到锭子头部锭冠和锭子表面；③在合理的选定工艺参数条件下，特别是供电参数，可以完全消除一般锭常见的固有缺陷，如缩孔、中心疏松、各种典型偏析、裂纹和皮下气泡等；④过程本身的灵活性可用来精炼各种不同物理性能的金属与合金，原则上可熔炼包括最难熔的金属钨在内的任何金属材料。

基于前述一系列基本的和重要的优点，真空电弧熔炼获得了广泛的应用，为生产高质量合金钢和特种金属材料开辟了新途径，为廉价生产高纯度金属和特种金属材料提供了重要手段。目前广泛用于生产传统冶金方法难以保证质量和不可能进行生产的活性难熔金属和各种特殊钢。目前采用真空电弧炉的主要目的是：降低金属中的气体含量；更准确地控制化学成分；提高金属的纯净度；改善质量，消除中心疏松及内部裂纹、偏析和发纹；生产用普通方法质量难以保证或成品率太低的钢种；生产普通方法难以生产的品种。

真空电弧炉适合生产的品种包括：①难熔活性金属及其合金，如 W、Mo、Ta、Nb、Zr、Hf、Ti 和 U 等；②特殊合金，如高温合金和精密合金；③特殊不锈钢和耐热钢；④重要的结构钢，特别是大型铸造用锭；⑤高级滚珠轴承钢；⑥大断面高速钢、工具钢；⑦高纯度有色金属及其合金。

4.2　电弧熔炼理论基础

真空电弧熔炼的实质是用被熔炼的金属制造的半成品自耗电极，在真空中的水冷结晶器内，借助电弧析出的能量，使自耗电极进行边熔化，边在结晶器中形成金属熔池，边结晶成锭的无冶金渣参与反应的一种净化性重熔重铸过程。因此涉及的理论基础有：真空中的电弧特性；电极的熔化过程；锭子的形成过程；工艺过程的热平衡和金属的提纯机理——蒸发、脱气和夹杂物在熔池中的上浮等。此外还有工艺理论，即各种工艺参数及其选择。

4.2.1　电弧的理论基础

1. 气体放电现象

如果在气体介质中设有两个电极，而两极之间又有一定电位差，则产生气体电离，于是便发生了电流从一个电极穿过气体介质而到另一个电极的现象。气体发生电离而导电的情况称为气体的放电（图 4-3）。

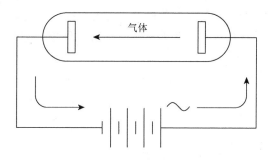

图 4-3　气体放电电路示意图

气体放电包括气体的电离、中和和电子发射等过程。这是在电场作用的特定条件下进行的过程。

气体的放电形式：依据气体介质发生电离而导电的各自基本过程的因数和条件的定量关系，可以发生不同形式的气体放电。

按照气体放电时发出的光亮程度的大小特征，可分成无声放电、辉光放电和弧光放电。其亮度取决于气体中电离和激发的质点的多少。气体介质的电离和中和过程的激烈程度及电流密度大小是区分三种气体放电的依据。

无声放电现象是借外界物理因素的作用而产生的。例如，受到紫外线、X 射线或宇宙射线的照射，使气体介质或电极材料上（电极以电路相通并有一定电位时）引起气体的电离和电极表面上的电子发射，因为两极之间有电位差存在，所以阴极发射出的电子就能穿过气体介质而到达阳极。这种放电现象的作用电场显然未因空间电荷而致畸变，并且主要取决于限制放电的一些表面的电位和位置。

无声放电的外表特征是电流密度很小，以 $\mu A \cdot cm^{-2}$ 来衡量（在 $10^{-6} A \cdot cm^{-2}$ 以下），气体电离程度很低，没有辉光或辉光很弱为肉眼所不能察觉。没有辉光这段无声放电相当于非自持放电阶段，而有辉光段则相当于其自持放电阶段。无声放电又常称为无照放电或暗流放电。

辉光放电主要是正离子轰击阴极表面引起的重质点撞击发射所产生的自持放电。但阴极被正离子轰击所产生的二次电子发射的电子数目并不多，这与正离子本身质量大、速度低和动能小的特点有关。平均每一千个正离子仅能轰击出 20～30 个电子。因此在阴极表面附近便聚集了很多的正离子，不能被少数二次电子所中和，从而导致阴极表面附近形成大量空间正电荷的聚集。此空间正电荷与阴极间形成相当大的电位降落，其值远大于放电气体介质的电离势，并且占有辉光放电总电位降的绝大部分。

辉光放电的外表特征是具有辉光而不热，辉光是由气体分子被电子撞击而激发，当激发消失时放出的能量产生的。光亮程度可以从弱到刚刚被察觉出来（与无声放电区靠近）到足以用它来照明（日光灯）。但是电流密度仍然很小，可在 10^{-4}～$1 A \cdot cm^{-2}$ 之间变化。另一特征是阴极区有大量的空间电荷聚集，形成大的电位降。

弧光放电是属于自持放电范畴的一种气体放电现象。它与辉光放电的不同点主要是阴极过程不同。

由图 4-4 可以看出，如果辉光放电的电流密度继续增大到 H 点的对应值时，阴极上就开始了热电子发射，这时就会使辉光放电转变为弧光放电。

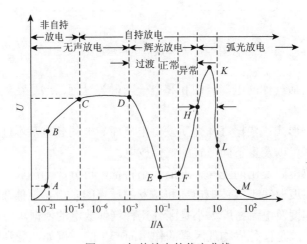

图 4-4　气体放电的伏安曲线

辉光放电中电流的增加初期，电压并不增高（图 4-4 中 EF 区间），这是因为此时阴极表面尚未全部参与放电，电流密度不增加而只能增加电流强度。待阴极表面全部参与放电后（F 点后）再增大电流时，就必须增加电压，因超过 F 点再增大电流时，须使正离子能够引出阴极电子，和阴极电子与其他质点碰撞时能多打击出二次电子。这两者都需要增加电场强度，即增高电压使电子和正离子获得更大的动能。电流进一步增加时，热量增加从而使阴极开始升温并随电流的增大而达到白热程度，这时就会有大量电子发射，即从 H 点开始使辉光放电过渡到弧光放电。

由于达到 H 点以后，产生了大量热电子发射，其发射的激烈程度随电流而增大。因此弧光放电中不再存在像辉光放电所需那样大的阴极电位，以及使向阴极轰击的正离子本身具有足够的动能而促使阴极发射出足够的电子。同时因为放电气体的温度此时已大大提高，热电离显著，所以阴极位就可以降低。当电流强度超过 K 点后，弧光放电进入自持过程，电压不但不再增加，反而会随电流的增加而急剧下降。下降到某一定值后，趋于平稳，这就是从辉光放电完全转变成弧光放电（L 点后）。

弧光放电的特点是存在热电子发射（或称自发射），使阴极附近的正电荷空间减少，并使阴极位阵降低到接近于放电气体介质的电离势。

弧光放电的外表特征是电流密度很大，从几安培每平方厘米开始到一百安培每平方厘米以上。电压相当低以及放电气体介质和电极上都会放出大量的热和耀眼的光辉。

2. 三种气体放电间的关系

从图 4-4 可以明显地看出无声放电、辉光放电和弧光放电三者是气体放电的连续过程的不同阶段。改变电流密度（用外电路）可使三者间互相转化。

另外，改变放电气体介质的压强，同样也可促使三种气体放电的转化。这可以从图 4-5 中看出。在真空电弧熔炼过程中，自耗电极的突发性放气，使电弧过程不稳出现瞬间辉光放电的原因就在这里。真空电弧熔炼中必须保持弧光放电的外部特征条件以防止弧光放电向辉光放电或无声放电转化的可能性。

4.2.2　电弧的构造及其原因

电弧构造一般由八个部分组成，如图 4-6 所示。

为了便于讨论，对于冶金用电弧可把次要部分略去，并归纳为下述三个部分：①阴极区，包括阴极斑点、负刷和暗区三部分；②弧区，即正弧柱；③阳极区，阳极斑点和正刷。

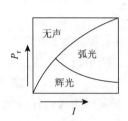

图 4-5　放电气体介质的压强对放电形式的
影响

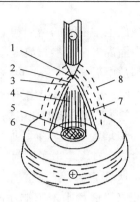

图 4-6　电弧构造示意图
1. 阴极斑点；2. 负刷；3. 暗区；4. 正弧柱；5. 正刷；
6. 阳极斑点；7. 晕圈系；8. 副弧焰

副弧焰或称外围弧焰，是电弧本体外围的放电部分。至于晕圈系只在高压电弧中存在，真空中电弧没有这个部分。

1. 阴极斑点的成因及其对电弧的影响

如前所述，电弧放电的外部特征之一是其有大的电流密度。这种大的电流密度是由电子发射促成的。但大量的电子发射并非从全部阴极表面上发生，通常只占阴极表面的极小部分。在这个小区域内集中而强烈地发射电子。由于它在阴极表面上显示出光亮的轮廓而被称为发射辉点或阴极斑点。

关于阴极斑点的成因可做如下解释。在阴极表面附近很薄的一层阴极区里（即负刷和暗区）的空间电荷分布特征是趋于维持放电最小的形成功。为保证具有这种分布特征，放电的通电截面积应当尽可能小，通电截面积越小，为了维持放电的电位降也越小，这就是在阴极表面上电子发射高度集中在极小区域内形成斑点的原因。

阴极斑点在阴极表面上不是固定不动的点，而是在阴极表面上做无序的高速游动。它做无序游动是由它具有自动向发射电子逸出功最小区域转移的本性决定的。

粗略地讲，阴极斑点是产生电弧放电的基础。所以斑点的大小和其在阴极表面上的游动特征，直接影响电弧的稳定性和电弧外观特征。

阴极斑点的大小与放电气体介子的压强关系较大。一般来讲，随炉内真空度的增高，即气体压强的减小，阴极斑点面积会大大膨胀，而反映在阴极斑点的电流密度 A_j 降低。

从图 4-7 中可以看出，当气体压强 p_r 由 760 mmHg 降到 20 mmHg 时，A_j 降低为原来的 1/9～1/8。

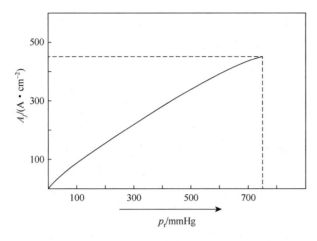

图 4-7　阴极斑点电流密度 A_j 与压强 p_r 关系

　　在用非自耗电极重熔钛时发现,在 p_r 为 $1\times10^{-2}\sim1\times10^{-1}$ torr（1 torr = 133.32 Pa）时,阴极斑点不仅占据了整个阴极表面,而且还扩散到电极熔端的侧表面,甚至发生阴极斑点扩散,呈许多不安定的分散的小点,如图 4-8 所示。

　　在真空中随压强降低,斑点膨胀,电流强度也下降。与大气中电弧相比,阴极斑点的温度也下降。在不同情况下,阴极斑点的温度波动很大,并与许多因素有关。表 4-1 所列为大气中几种材料电极的阴极和阳极斑点的温度。

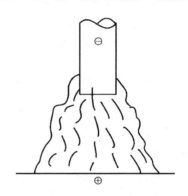

图 4-8　阴极斑点扩散上爬到电极熔端的侧表面

表 4-1　大气中各种电极材料阴极和阳极斑点的温度

电极材料	沸点/℃	电流密度/(A·cm⁻²)	阴极斑点温度/K	阳极斑点温度/K
石墨	4200	4～40	3500	4000
W	5100	2～4	3000/3640	4250
Fe	2450	4～17	2430	2600
Ni	2400	4～20	2370	2450
Cu	2300	10～20	1600/2220	2450

　　阴极斑点的温度与电极材料的熔点有关,熔点越高,斑点温度越高,最高温

度与其沸点相当。阴极斑点的机动性和电弧稳定性关系密切。如前所述，阴极斑点总是不间断地快速游动到阴极表面上。宏观看这种游动是无序的，实际上有它自己的规律性——总是向阴极表面上逸出功最小之处转移。因此自耗电极质量较差（杂质多）或缺陷多时，它不仅游动在阴极表面上，而且还会向电极侧面上有氧化物和其他杂质处转移面形成瞬间爬弧或闪弧。

在真空电弧熔炼过程中，电极熔端（阴极）不断层状消熔，形成熔滴向熔池中过渡。如果电极熔端保持倒圆锥状，两极间距始终保持在电极熔端中央最短，这时斑点易集中在尖端附近游动，尖端处电子逸出功最小，阴极斑点游动区间小，所以电弧稳定。相反，如果电极熔端呈平面时（填充期），阴极斑点在整个电极端面上游动，此时电流密度较小，所以电弧稳定性差，也最易产生闪弧或爬弧。

从提高真空电弧熔炼的电弧稳定性出发，希望电极熔端呈侧圆锥形，阴极斑点足够大，相对斑点游动范围小，以提高其稳定性。另外，电极表面要清洁无沾污物和表面缺陷，防止产生爬弧和闪弧。

当然要视电极金属的原始气体含量和是否有突发放气情况来适当调节炉内压强，以保证炉内压力突然瞬间增高时，电弧放电条件不致发生辉光放电或无声放电。

2. 阴极区及其影响因素

阴极区包括位于阴极表面附近的负刷和暗区。这里只讨论与阴极斑点相毗邻的负刷部分。

在这个区域里的电位降落 $U_k \approx V_j$。如前所述，负刷区域很窄，约等于电子的自由程。在大气压级的压强下，负刷长度接近 10^{-4} cm。所以阴极区的电场强度很大，可达到 10^7 V·cm^{-1}。电弧放电的自发射之所以可能，就是在此区域内存在这样大的电场所致。在这样大的电场作用下，电子从阴极斑点中以自发射的形式逸出。电子一经逸出就具有很大的速度，这也是强大电场作用的结果。

这种高速电子不仅足以使其所碰撞的中性质点产生一级电离，而且还可以使已经电离的离子进一步电离，即得到带有更多电荷的离子，强烈产生这种离子化的地方，首先是在阴极区的边界上，也就是距阴极表面相当于电子自由程长的部位。在这个边界上建立起正离子层。这便是最初电弧放电的负刷的成因。在此区域内形成的正离子对飞向阴极的正离子无任何碰撞能力。在正离子飞向阴极区的过程中，它们具有很大的动能，此动能近似等于使它电离时所需的功，约等于阴极电位降低的数值。正离子在轰冲阴极表面时，就会失去其全部动能和位能，这部分能量能使阴极斑点表面加热到很高的温度，从而保证了热电子发射。

气体压强（真空电弧炉内弧区压强的实质是金属蒸气和气体分子的浓度）对阴极区有很大影响。它反映在熔炼室空间压力越小，气体密度越小，电子与气体分子碰撞概率越小，自由程越长，正电场强度将急剧降低。可能低到这样的程度：电弧放电的条件消失了，电弧放电变得很不稳定。在这种情况下，甚至从临界压力开始，阴极电位降急剧增加，从而转变成辉光放电。

显然，电弧放电的必要条件之一是在阴极区中有一定数量的气体或金属蒸气的分子存在。

真空电弧熔炼的真空度一般是指熔炼室空间测得的压强 p_r。它与阴极区的压强差，一般要差 1~3 个数量级（图 4-9）。但两者是有联系的，所以炉内 p_r 的变化是影响电弧稳定性的重要因素之一。

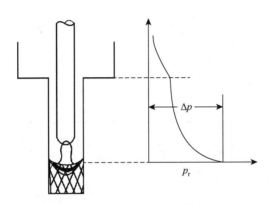

图 4-9　真空电弧炉内气体压强分布示意图

3. 弧柱及其影响因素

弧柱即正弧柱或正刷。它位于阴极区和阳极区之间，其长度比阴极区和阳极区要长很多倍，占整个电弧总长的绝大部分。弧柱是由电子和离子混合物构成的一种等离子体。在此区域内，电子和离子的数目大致一样，在正弧柱方向上电荷质点的分布是均匀的，没有阴极区正离子的积聚现象，所以弧柱中的电位降是均匀分布的，即

$$E_{cm} = \frac{dU_{cm}}{dl_{cm}} = 常数 \qquad (4\text{-}1)$$

在弧柱径向上的电荷分布密度不同，中心大，边缘小。

虽然正弧柱内正离子和电子数目大致一样多，但这种流的流动特征是由电子决定的，这是因为电子和离子之间存在很大的速度差。

众所周知，它们的速度与其质量成正比。计算结果表明，约 99% 的导电性是由电子实现的，仅有 1% 左右是离子引起的。

弧柱的温度很高，从表 4-2 中可以看出：弧柱温度与气体介质、电流密度和电极材料有关。弧柱温度一般可用沙格公式近似算出：

$$T_{cm} = 810 \, V_i$$

式中，V_i——气体介质的电离势。

一般地，弧柱温度比阴极斑点和阳极斑点的温度都高，它是电弧中温度最高的部分。

表 4-2　弧柱温度与气体介质、电极材料和电流密度的关系

气体介质	电极材料	电流密度/(A·cm⁻²)	测量部位	温度/K
空气	C	1.7	弧柱中心	5870±300
空气	C	12.3	弧柱中心	7800±300
氢气	C	2~3	弧柱中心	5000
空气	W	—	—	5900
氢气	W	4	弧柱中心	4960
氢气	W	8~9	弧柱中心	5300/6300
空气	Fe	—	—	6020

电流密度对弧柱温度的影响体现在随电流增加，弧柱断面增大，同时电流密度也增加，导致弧柱温度升高。

弧柱中心与外缘的温度差，是由弧柱中心电离程度高，而外缘除电离程度小以外，还发生频繁的复合过程所引起的，表现为外围温度比中心温度低。

气体压强对温度的影响：弧柱随气体压强增高，弧断面被压缩。或者说，弧柱密度随压强增高而加大，为此弧柱电流密度便增大，导致弧柱温度增高。电位降在这种情况下也随之增大，电弧被拉长。

4. 电弧（弧柱）外表特征及其稳定性

气体压强的变化，特别是弧区产生的气体和金属蒸气压力的变化，不仅直接影响弧柱温度，而且对弧柱或电弧的外表特征和其稳定性的影响是很大的。例如，在一般电制度下（电压 30~35 V），采用自耗电极在 1 atm 的氢气中熔炼钛合金时，电弧不可能稳定地正常燃烧。当电子发射量较小时，电弧就会熄灭。其原因是在常压下，氢具有高度的导热性能，在高温时，弧区内分子电离成原子吸热很大，生成氢原子具有的速度比氢分子大（原子氢质量远比分子氢小），因此氢原子运动很快，当它们落到冷却区内时，便很快地移交出氢原子所带有的能量，并复变成氢分子。当氢气压强降到 150~200 torr 时，电弧的稳定燃烧才有可能，而且这时弧柱的束密度也大为降低。阴极斑点相对增大，游动性减弱。

在用氩气保护的钛自耗电极熔炼中，同样也存在着气体压强对电弧外形和其稳定燃烧的影响具有规律性，如图 4-10 所示。

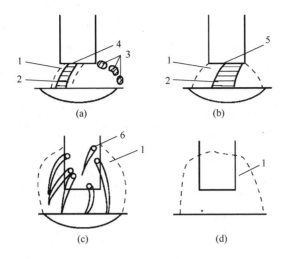

图 4-10　不同压强对氩气中钛自耗电弧稳定性的影响

（a）p_r= 45.3 kPa 时不稳定电弧；（b）p_r= 14.7 kPa 时稳定电弧；（c）p_r= 4.0 kPa 扩散电弧；（d）p_r= 0.53 kPa 体积放电（辉光放电）；1. 电晕与外围电焰；2. 弧柱；3. 熔滴；4. 阴斑点（不定位）；5. 阴斑点（定位）；
6. 阴斑点（扩散不定位）

在氩气压强大于 45.3 kPa 时［图 4-10（a）］，电弧燃烧极不稳定。此时束密度很大，阴极斑点过小，它在阴极表面上游动得非常迅速，弧柱呈细束状，而弧柱本身跟着阴极斑点的游动而摆动。这种电弧称为阴极斑点不定位的不稳定电弧。当氩气压强降低到 14.7 kPa 时［图 4-10（b）］，阴极斑点面积随压强降低而扩大，在阴极表面上变得相对稳定，此时弧柱断面也随着扩大，因此电弧燃烧趋于稳定。这种电弧称为阴极斑点定位的稳定电弧。如果进一步降低气体压强到 4.0 kPa 以下时，不但不能进一步提高电弧的稳定性，反而会因阴极斑点的扩大到不仅占满这个阴极表面，而且还扩大上爬到电极的侧面上形成许多游动不定且忽上忽下的分散斑点。这时弧柱也因其束密度过小和受扩散斑点的影响，变成很不稳定的脉冲式扩散电弧或闪弧［图 4-10（c）］。

随着压强进一步降低，当压强降到 0.53 kPa 以下时，弧柱部分继续扩散，弧柱束密度过小，电弧放电会消失，从而转化成一种类似于高压低电流形式的辉光放电的伪辉光放电，因为这时没有可见的弧柱，所以又称这种放电为体积放电。实际生产中在充氩气的自耗熔炼中稳定的电弧燃烧区间是介于不定位不稳定电弧和定位稳定电弧之间的。其对应的气体压强波动范围依据所炼金属材料的种类不同而在 0.67～26.7 kPa 之间波动。

5. 弧长和其影响因素

一般所指弧长虽然包括了阴极区和阳极区与弧柱长度的总和，但前两者的绝对长度很小，所以一般所谓弧长可用弧柱长度表示。确定适当的弧长是进行熔炼的重要参数之一。适当的弧长应在保证电弧稳定燃烧的情况下，不发生熔滴过渡短路。为获得所需的弧长，主要是拉长弧柱长度，在有稳弧线圈建立纵向磁场的情况下，真空中电弧的稳定性有了很大改进。氩气中电弧最大弧长为 30～40 mm，若再拉长弧柱，则引起电弧的熄灭。真空中电弧在 13.3 Pa 时，最大弧长可拉到 400～500 mm 不断弧。不同气体介质和压强下稳定电弧长度有如此大的差别的原因目前还不清楚。

真空中电弧与大气中其他形式的气体放电的不同点是电弧电压、电弧电流和弧长之间的依附关系不明显。如果大气中把电弧拉长，则电弧电流将急剧降低，而电弧电压急剧升高。但真空中的电弧这种关系较小。图 4-11 所示曲线是用非自耗电极在真空中熔炼钛时获得的电弧电流 I_e、电弧电压 U_e 和弧长 l_e 间的依附关系。熔炼是在直径 D_k 为 175 mm 的结晶器中进行的，炉内压强为 2×10^{-1} torr，W 电极直径为 12 mm。

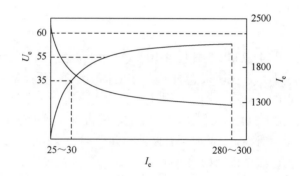

图 4-11　电弧电流、电弧电压和弧长的关系（非自耗重熔钛）

从图 4-11 中可以看出，从短路开始到弧长 20～30 mm 之间，电弧电压和电流随弧长变化很明显，但以后这种变化就变小并呈"定值"。开始阶段变化明显的原因与许多因素有关，但其中主要是弧区气体和蒸气的压强在短弧时影响起主导作用。在弧长变大以后，这种影响急剧减弱。真空电弧炉中电弧电压随弧长变化不明显而又能采用电弧电压作信号来控制弧长，是因为存在在短弧区内的电压和弧长有明显依附关系。电弧放电的另一个特征是弧柱区的电位降很小，通常弧柱中的电位梯度只有 0.4～0.7 V·cm^{-1}。按常用的最大弧长 50 mm 计算，整个电弧弧柱中的电位降只有 3.5 V 左右。

6. 阳极区与阳极斑点

阳极区是自阳极表面始，到弧柱之间，由阳极斑点和正刷两部分组成。与阴极相似，在阳极区中也有很大的电位降。大气压级的电弧中，阳极区和阴极区的电位降值，都近似于气体的电离势。与阴极的不同在于阳极区较大，电位降落区域较长，阳极区电位降主要取决于电弧电流强度，而阴极区电位降与电流密度无关。对于真空自耗电极电弧的阴极和阳极电位降分别为 10～20 V 和 15～30 V。阳极斑点位于阳极表面上，其外观与阴极斑点有相似之处。

阳极斑点又称正弧坎，在阳极表面上，是吸收电子和负离子的地方，阳极表面不发射任何物质。由于电子和负离子在轰击时将其所有动能与位能全部移交给阳极表面，所以阳极斑点的温度比阴极斑点高（表 4-1）。阳极斑点温度除与放电气体介质的压强有关（表 4-3）外，还与电流强度有关，即电流越大，轰击阳极斑点的电子越多，所以其温度也越高。

表 4-3　气体压强对阳极斑点温度的影响

压强/atm	0.1	0.5	1.0	2.0	10	20
阳极斑点温度/K	3490	4145	4200	4900	6500	7900

在低压强下电弧的阳极斑点的大小，主要取决于弧柱断面的大小和弧长。而弧柱断面和弧长皆受压强和电弧电流大小影响。一般情况下在阳极表面上似乎看不到像阴极斑点那样明显的阳极斑点，这是因为阳极斑点的面积几乎与熔池表面相当。只有炉内压强过高，阳极斑点随弧柱强烈收缩时，才能在熔池表面上看出其轮廓。或者在熔池很大，电极又很细时，才能发现其轮廓。图 4-12 为压强对弧柱断面和阳极斑点的影响示意图。在附加纵向磁场强度变化时，弧柱断面和阳极斑点的大小也随之变化，因为磁场强度对弧柱有压缩效应。

综上所述，电弧电位降由阴极电位降、阳极电位降和弧柱电位降三部分组成。图 4-13 为电弧中电位分布示意图。各种电位降的数值因电极金属种类、气体介质种类和压强大小而异。

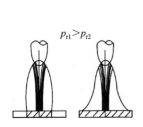

图 4-12　压强对弧柱和斑点大小的影响示意图

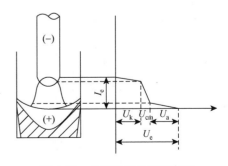

图 4-13　电弧电位分布示意图

4.2.3 直流电弧的静特征

对于任意长度的直流电弧，当流过电弧的电流为一稳定值时，其电弧电流与电压的依附关系称为直流电弧的静特性。电路上的负载如果是金属电阻，则两端的电压降与负载的关系服从欧姆定律，即 $U = IR$。当金属电阻上的温度升高不大时，电阻 R 可视为常数，电流与电压呈直线关系（图 4-14）。

真空电弧炉中的直流电弧静特性比金属电阻电路的静特性要复杂些，它不再服从欧姆定律，而呈非线性关系。一般地，一个完整的电弧静特性曲线呈 U 形（图 4-15），又称 U 形静特性。

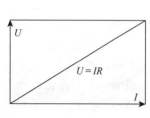

图 4-14　金属电阻伏安特性

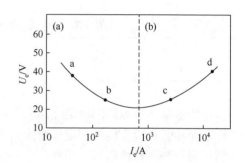

图 4-15　直流电弧的伏安特性

（a）低电流电弧；（b）高电流电弧

阴极区电流是由正离子流组成的。从阴极斑点发射出来的电子密度 J_K 取决于阴极温度 T_K 和阴极区的电场强度 E_K，即

$$J_K = \frac{4.39 / E_K}{T_K} \tag{4-2}$$

T_K 主要取决于电极材料的性质，与电流相关较小。这是因为电弧一经引燃，就会很快达到 T_K 的最大值，以后随电流的增加，T_K 不再增加。所以 J_K 与 I_a 几乎无关，主要取决于 E_K，即阴极位降 U_K。

当阴极电流较小时，阴极斑点面积 F_K 小于电极端面面积 F_E。这时 F_K 随之增大，而在 F_K 达到与 F_E 相等以前，阴极斑点的电流密度基本保持不变，结果 U_K 也基本保持不变［参考图 4-16（a）中的前半段］。当阴极电流继续增大，使 F_K 等于 F_E 后，由于 F_K 不能再增大了，所以电流密度开始随 I_a 而增加，这时只有通过增加 E_K（或 U_K）来使之增大。也就是说，当 $F_K = F_E$ 后，随电流的增大，U_K 增加，参考图 4-14（a）中的后半段。至于阳极区电位降 U_a 的变化情况，根据 Д.М.拉不肯的实验，一般认为 U_a 与 I_a 或电流密度无关［图 4-16（b）］。

当 I_a 较小时，电弧的 U_K 和 U_a 与 I_a 无关，且为一常数。在弧柱中由于 F_{cm} 随电流的增加而增加，所以随 r_{cm} 的增加而迅速降低，即呈图 4-16（d）中的 ab 段，称下降特性段。当 I_a 处于中等强度时（100～1000 A），U_K 和 U_a 仍为常数，与 I_a 无关。这时弧柱中 J_{cm} 和 T_{cm} 基本保持不变，等于某一常数，呈图 4-16（d）中 bc 段，此段也称平特性段。在强电流条件下，即真空电弧炉工作区间，F_K 和 F_{cm} 增长到极限值，不再随 I_a 增大，这时随 I_a 增加的同时，E_K 和 E_{cm} 也增大，而 E_a 仍不变，为常数，因此随 I_a 而增加，即图 4-16（d）中 cd 段，也称上升静特性段。

在实际生产中，由于电弧电流强度很大，不可能出现下降性和平特性段，主要是上升静特性段。图 4-17 为真空电弧炉重熔的几种金属电弧的静特性曲线，它们都属上升静特性。

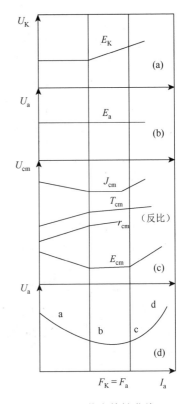

图 4-16　伏安特性曲线

4.2.4　直流电弧的动态特征

对于任意长度的电弧，当 I_a 以很大的速度变化时，在连续变化过程中，I_a 与 U_a 的瞬时值之间的依附关系称为电弧的动态特征，如图 4-18 所示。

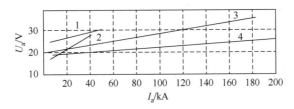

图 4-17　真空电弧的伏安特性

1. Zr（碘化法）；2. 钼；3. 钛；4. 钢

4.2.5　电弧的能量平衡与温度分布

1. 阴极区的能量平衡

在阴极区中热量的产生是由正离子对阴极表面轰击时，给予阴极以自己（正

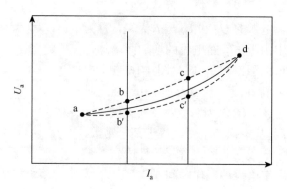

图 4-18　直流电弧的动态特性示意图

离子）的位能（电离势）和大部分动能（电位降）。这些能量将转化为热能。此外
还有由于化学反应而产生的热效应及由弧柱区辐射来的热能。在阴极区所损失的
热量包括用生产热电子发射的能量（逸出功）、用于熔化和蒸发电极材料（包括溅
射量）的热能，还包括辐射、传导等散热损失的热量。

在阴极区的电流是由流向阴极的正离子流和流向阳极区的电子流构成的。设
电子流占总电流的比为 f，则正离子流的比为 $1-f$。因此，阴极区的能量平衡关系
可写成下述形式：

$$i[(1-f)(aV_K+V_i)]+V_X+V_e=i(V_{an}+V_{II})+V_r \qquad (4\text{-}3)$$

式中，i——电流，A；

　　　　V_K——阴极电位，V；

　　　　a——正离子传给阴极的能量，并非它的全部动能，需要加以修正的系数；

　　　　V_i——电离势，V；

　　　　V_X——化学反应热效应，W；

　　　　V_e——弧柱区辐射热能，W；

　　　　V_{an}——逸出功，V；

　　　　V_r——因辐射、传导而损失的热量，W；

　　　　V_{II}——用于电极熔化和金属蒸发的热量，W。

在一般情况下，V_X 和 V_e 都很小，而系数 a 基本上可认为它等于 1，为此
式（4-3）可简化成：

$$V_{II}=(1-f)(V_K+V_i)-V_{an}-\frac{V_r}{i} \qquad (4\text{-}4)$$

式中第一项 $(1-f)\cdot(V_K+V_i)$ 称为阴极可能释放的最大能量。增大 V_K 和 V_i 或者
减小 V_{an} 和 V_r 时，可提高有用的熔化电极的能量。V_{II} 的增加意味着产量的提高、
单位电耗的降低、熔炼过程的加快。V_K、V_i 和 V_{an} 都是可调的因素，例如，当在
气体介质中加入高电离势元素后（如增加氢气或氩气时），V_K 和 V_i 都提高了，在

电极中加入高电离势的元素，如重熔钛合金时，可向电极中加入易挥发而又不溶解于钛合金的镁时，同样可提高 V_K 和 V_i。当气体介质压强降低时，由于负荷质点自由程的增大，碰撞概率减小，这就导致阴极释放出的能量损失减少，阴极释放的有效热量增多，所以真空中熔化速度比高压强中的熔化速度高。

此外，熔化电极材料的有效能量与阴极区二部分电流的比例 f 的大小有关系。离子流越多，即电子流 f 越小，那么阴极所获得的能量也越多。f 的大小与电极材料、气体介质等有很大关系。对于熔点低的材料如 Fe 的 f 值仅为 0.5 左右。而对熔点高的、辐射能力很强的材料（如 W），其 f 值一般认为可达 0.8 以上。也就是说，某阴极区的电流主要是由电子流组成的。这时由阴极可能释放出的能量较小。为了使 W 能顺利熔化，必须采用较重熔钢要大得多的电弧电流，这点已被实践所证实。

2. 阳极区的能量平衡

阳极区的能量平衡与阴极区相似。但这里产生的能量主要是电子轰击熔池表面时，交出的电子流所具有的全部动能和位能。在阳极区的电流主要由电子流构成。在它交出的能量中没有像阴极那样因电子发射还必须付出很大的逸出功。因此总的说来，阳极区的能量平衡可用式（4-5）表示：

$$i(V_a + V_{an}) + V_X + V_e = iV_{II} + V_r \qquad (4-5)$$

式中，V_a——阳极电位降，V。

省去次要项目（$V_X + V_e$），式（4-5）可简化为

$$V_{II} = V_a + V_{an} - \frac{V_r}{i} \qquad (4-6)$$

可以看出，阳极上熔化电极材料的能量是随 V_a、V_{an} 的增加及 V_r 的减少而增加的。式（4-5）中（$V_a + V_{an}$）项是阳极区可能释放出的最大能量。从这项中可以看出，熔化电极的热量取决于 V_{an}，因为在真空下 V_a 基本上可认为是一个常数。

这里应当说明的是，在式（4-6）的情况下，首先应假定电子开始飞经阳极区时，没有加速度。在 1 atm 或更高的压强下，这种假定是不可靠的，而在低压下，电子自由程增大，碰撞概率减小，因此在真空中的电弧，用式（4-6）计算出 V_{II} 值将偏低些。其次，式（4-6）还应假设电子由阴极发射后，不发生返回现象或在不同压力下，这种返回现象大致相同。这样一来，自然得出以下结论：电弧燃烧时，自阳极释放出的能量在低压下要大于高压下释放的能量。

3. 阴极和阳极斑点的温度

阴极斑点和阳极斑点分别受到正离子流和电子流所给予的能量后，温度就会很快升高。温度升高后出现了电极金属的熔化、沸腾和蒸发。这样就要消耗两极

能量。所以当温度达到电极材料的熔点以后，再升高就不容易了。两极斑点所能达到的最高温度在其沸点左右。通常情况下，阳极斑点比阴极斑点得到的能量要多，这是因为阳极区电流由电子流组成，更重要的是电子流把其能量交给阳极后，阳极本身不发射任何质量，不需要像阴极那样为使电子发射而交付大量的逸出功。因此阳极斑点的温度通常要比阴极斑点高出几百摄氏度（表4-1）。阳极斑点的温度除主要取决于电极材料沸点外，还与它所处的外界条件，特别是气体介质的压强有很大关系。

4. 弧柱中的能量与温度

弧柱中热能的产生，是由于气体介质最初被撞击电离后又中和而释放出相当于电离势的能量。所以弧柱中产生的能量多少和温度的高低都取决于气体介质的电离势。根据沙格推导，弧柱温度可用式（4-7）求出：

$$T_{cm} = 810V_i \tag{4-7}$$

式中，V_i——气体介质的电离势，V；

　　　　T_{cm}——弧柱温度，K。

不同金属电极在空气和电离势小的氢气中弧柱温度实测值列入表4-2中。普通电弧熔炼中的金属蒸气的电离势为 5～8 V（表4-4）。因此弧柱温度应当在4000～6500 K 之间波动。从表4-4中还可以看出，弧柱温度受电弧电流大小的影响，并随之增加。

表4-4　常用元素的电离势（V）

元素	电离势	元素	电离势	元素	电离势	元素	电离势
铝	5.95	镍	7.64	H	13.5	F	16.9
钙	6.10	铜	7.70	H_2	15.4	He	24.5
铬	6.74	铁	7.83	O	13.6	Ti	6.8
钒	6.70	硅	7.94	O_2	12.5		
钼	7.30	硫	10.3	N	14.5		
锰	7.40	氯	13	N_2	15.8		
镁	7.61	碳	11.22	Ar	15.7		

弧柱温度沿弧长方向是从阴极到阳极近于均匀地递增。而在径向上差别较大，弧柱中心温度最高，离开中心则迅速下降。由于电弧中阴极比阳极温度低，电弧的温度分布特征是从阴极向阳极递增分布的，如图4-19所示。

使金属熔化的热能集中在两极表面上，弧柱温度虽然很高，但大部分热能，由其周围气体介质带走而损失掉。弧柱的热能对电极熔化和熔池的过热皆不起主

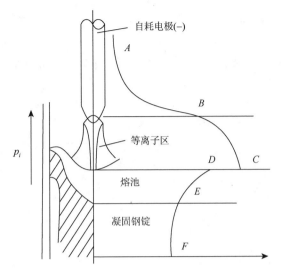

图 4-19 炉内温度分布示意图

AB 曲线为固体电极温度曲线；*B* 为阴极斑点温度；*BC* 曲线为弧柱温度曲线；*D* 为熔池表面阳极斑点温度；*DE* 曲线为熔池轴间温度分布；*E* 为金属熔点；*EF* 曲线为锭的轴线温度分布；*F* 为锭底温度

导作用。弧柱的热能只有一小部分通过辐射传给电极用于熔化金属和传给熔池用于熔池加热。并有一部分用于熔滴过渡过程中加热熔滴而带入熔池。

4.2.6 电弧的磁偏吹

外磁场或电弧炉的导电体中电流所建立的自身磁场及炉体附近存在的铁磁物体，皆对熔炼电弧具有明显的影响，同时对金属熔池内的流动也有重大影响。这是因为电弧本身是由各种电荷质点组成的等离子体。为此需对各种磁场对电弧的作用进行研究，以便设法控制电弧的稳定性和获得合理的电弧外形。为建立合理的重熔工艺和设计结构合理的炉子找出其理论依据。任何方向上的磁场皆可分解为与弧柱轴向重合的所谓纵向磁场和与轴向垂直的横向磁场。在研究各种磁场对电弧作用之前，先介绍荷电质点在磁场中的运动特征。

1. 电子在磁场中的运动

从物理学中得知，电子在磁场中运动时，电子所受的磁场力可用式（4-8）表示：

$$F = e \cdot B \cdot u \cdot \sin\theta \qquad (4-8)$$

式中，*F*——电子所受之力，其方向按左手定则确定；

　　　e——电子的荷电量；

u——电子的初速度；

θ——电流方向与磁场方向的夹角。

电子在均匀磁场的作用下，其运动轨迹有下列三种情况，分别如图 4-20～图 4-22 所示。

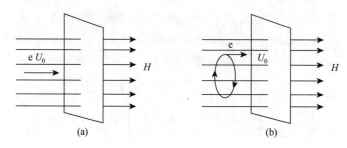

(a)　　　　　　　　　　　　(b)

图 4-20　电子速度方向与磁场方向相同或相反时以及电子初速与磁场方向正交时

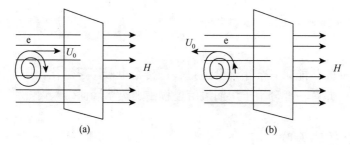

(a)　　　　　　　　　　　　(b)

图 4-21　当电子在运动中不断从其他方面获得使其加速或减速的能量时，则电子将做加速或减速蜗旋运动

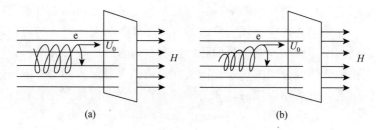

(a)　　　　　　　　　　　　(b)

图 4-22　电子初速与磁场方向呈任意角相交时

应当指出的是在真空电弧熔炼中，电极熔端表面不是平整的，而是呈不规则的凸凹状。此外还存在电子与中性原子或分子的碰撞和它们本能地向外缘扩散等结果，这些都会导致自耗电极表面发射出的电子初速方向并不严格按着电场方向，而存在各个方向上的各种可能的偏差。与此同时，电子向阳极进行的过程中又不断地得到两极电场的加速。基于上述两方面原因，实际电弧中电子运动轨迹要复

杂得多。在真空电弧炉体系中和其他各个磁场的存在和影响下，电弧外形常常发生吹偏和歪扭现象。

2. 电弧的磁吹偏

在理想情况下，电弧的轴线应当与电极轴线重合，但当电弧受到其周围的气流干扰或磁场作用时，根据受力大小的不同，电弧将发生不同程度的歪扭和吹偏，甚至会因电弧拉得过长而断弧（熄弧）或者虽不致造成断弧也要使电弧处于很不稳定的状态。其结果将影响熔炼过程的顺利进行。金属熔池受热不均会影响锭材质量。因气体流动干扰造成的电弧歪扭和吹偏，称为气吹偏。气流主要是在熔炼过程中从熔化的电极和熔池金属中析出的各种气体形成的。特别是熔炼脱气不良的金属材料，而且电极又在结晶器中安装不对称时或电极中有缩管排气不均时，其影响将更为严重。因磁场或铁磁物质而引起的电弧歪扭现象称为磁吹偏。用直流供电的自耗炉中，磁吹偏是电弧吹偏的主要形式。

1）横向磁场对电弧的作用

电弧本身是一种等离子体，所以可以把它看成是一种软而富有弹性的通电导体。因此它受外界和自身建立的横向磁场，以及附近铁磁体的作用而改变弧柱的外形。

2）外界横向磁场的作用

设电弧电流的方向是自下而上的流动，即正极性操作时［图 4-23（a）］，磁场方向是垂直于纸面，这样就形成了电弧电流与磁场方向的正交。此时弧柱受到电磁场的感应力 P 的作用而偏向一边。P 值可用式（4-9）求得

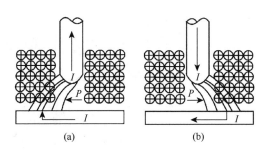

图 4-23　横向磁场中的电弧磁吹偏

$$P = KI_e H \tag{4-9}$$

式中，K——比例常数；

　　　I_e——电弧电流；

　　　H——磁场强度。

　　力的方向按左手定则决定，如图 4-23（a）中所示的 P 的方向。如果是反极性操作，则 P 的方向如图 4-23（b）中所示的方向。

　　这种使电弧偏向一边的现象，对熔炼是有害的。它不仅会使熔池受热不均，熔池形状畸变，影响锭的合理结晶结构，甚至会烧坏结晶器。但适当采取措施可以变害为利，即利用它可改变电弧熔炼工艺和创造新的工艺方法。例如，在外加纵向磁场的条件下可以纠正自身磁场的吹偏，并可造成旋转式电弧，有利于生产大断面钢锭。

　　3）自身横向磁场的作用

　　自身横向磁场是指炉子体系内电路所建立的横向磁场。这种磁场在所有的自耗炉中都存在，常遇到的自身横向磁场有两种。一是电弧本身（包括电极）所建立的均匀对称的横向磁场；二是供电引入线所建立的横向磁场。电弧本身是特殊导电体，当其中有强大电流通过时，必然会在其周围建立感应磁场。这个感应磁场的方向，可按右手定则确定，而感应磁场对电弧的作用力将按左手定则确定。但这种磁场对电弧而言是均匀而对称的，所以对电弧的作用力只能使电弧离开轴线一定角度而自旋（图 4-24），这种磁吹自旋，对冶金过程不仅无害，反而有利，大炉子不需另加稳弧线圈的道理也在这里。

　　引入线在哪一边，电流就主要从哪一边流入，那一边的磁场强度也就最大，磁力线密度也就较大，因此会把电弧推向另一边，如图 4-25（a）和（b）所示。当引入线正好接于电弧下方时［图 4-25（c）］，电弧周围磁场强度才均匀，这时磁吹偏就不会发生。

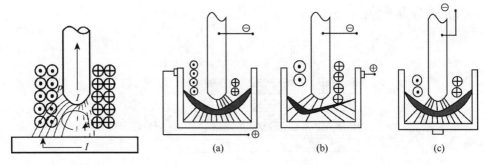

　　图 4-24　自身横向磁场中的　　　　图 4-25　自身横向磁场中的偏弧
　　　　　　　电弧自旋运动

　　电弧自身中还存在一种电磁压缩效应，这点和感应炉中的情况相同。同样是因为电弧本身相当于通以同向电流的许多平行导体，从而产生了沿弧柱径向轴心的压缩应力，此应力的数值以抛物线形式向轴心递增。电弧轴心上的单位面积上受到的压力值可用式（4-10）求得

$$p = 102 \times 10^{-1} \times \frac{I_e^2}{F_{cm}} \qquad (4\text{-}10)$$

式中，p——导体（弧柱）轴线上最大压力，$g \cdot cm^{-2}$；

　　　I_e——电弧电流，A；

　　　F_{cm}——电弧断面积，cm^2。

这种压缩应力不仅在电弧中存在，而且在电极和熔池中也普遍存在。作用在电极上可促使熔滴过渡，促进熔化速度。作用在熔池中的这种压缩力将沿轴线方向传播出来，搅动熔池，促进熔池温度、成分的均化和提高传热速率。这种应力作用在弧柱上，将使弧柱收缩和拉长，促进弧柱的热量集中和减少热损失。总之这种压缩效应对真空电弧熔炼而言，一般是有益的。

4）铁磁物质对电弧的影响

铁磁物体对电弧的影响和横向磁场相似，也能引起电弧的磁吹偏。如果在电弧附近有较大的铁磁体或电极在结晶器内不对称时皆会引起横向磁场在电弧周围分布不均（图 4-26），在铁磁体存在的一边，磁感应强度小，电磁感应力将把电弧推向这一边，从而构成了电弧的磁吹偏。这种现象就像电磁铁吸引铁质物体一样。

5）纵向磁场对电弧的作用

在这里讨论均匀的恒定的沿弧柱轴线方向的纵向磁场对电弧行为的影响。如果电弧内荷电质点都是单纯且严格的沿着作用于两极之间电场的方向运动，即沿纵向磁场方向运动，那么纵向磁场对它们将不起任何作用。因为这种情况完全相当于电子沿磁场方向运动，磁场对电子的作用力等于零。

但实际上，电弧中的荷电质点不仅在电场作用下沿着轴线方向运动，还会受到其他横向磁场等作用或气流干扰等而做横断纵向磁场运动。这时电子做横断纵向磁场的位移，同样要受到垂直于运动方向的力的作用，从而导致其运动方向的改变，如图 4-27 所示。因此人们常利用这个现象，采用纵向附加磁场来纠偏。

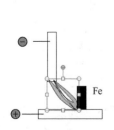

图 4-26　铁磁体对电弧吹偏的影响

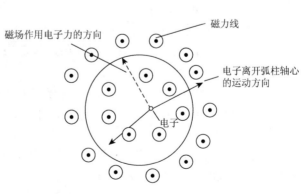

图 4-27　纵向磁场减弱磁偏吹作用原理图

　　另外，由于弧柱中荷电质点沿弧柱径向方向上的分布不均匀，中心密度高而外线最小，因此不可避免地会发生荷电质点由中心向外线的横向扩散，即发生横断纵向磁场运动，从而改变荷电质点原来的运动方向。其结果在纵向磁场和两极间电磁场的综合作用下，荷电质点作用螺旋式前进［图 4-28（a）］。纵向磁场作用的结果，能够减少由于扩散或其他原因引起的荷电质点偏离电弧轴心的趋势，使弧柱断面减少，形成束密度大的压缩电弧。因此纵向磁场能够使电弧热能集中，显著提高熔化速度。

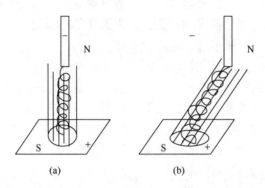

(a)　　　　　　　　(b)

图 4-28　　纵向磁场和两极间电磁场的综合作用及电弧在斜磁场中的动态

　　任意方向的磁场对电弧的作用，恰好界于横向和纵向磁场作用之间。在讨论其影响时，可先将任意方向的磁场分解为横向和纵向两部分，分别讨论后，再作向量合成即可。图 4-28（b）为电弧在斜磁场中的动态。

3. 稳弧线圈的作用

　　鉴于各种磁场对电弧的影响状况和从各种影响不可避免的特点出发，为获得稳定性良好的电弧和电弧外形。在重熔活性金属的真空电弧炉中普遍采用附加磁场的办法来克服和削弱各种磁场与铁磁体对电弧磁吹偏的影响。通常采用一种名为稳弧线圈的简易装置来建立附加纵向磁场。稳弧线圈的构造很简单，它是绕在结晶器外套上的一组线圈，其中通以适当的直流电。电流的引入方向和大小，应以恰好抵消磁吹偏为准，具体数值应通过实验来确定。稳弧线圈的作用就是利用前述纵向磁场对电弧的有益作用力。图 4-29 为稳弧线圈各种布置对电弧的影响。

　　稳弧线圈对电弧的影响程度取决于电磁场的磁场强度 H（$H = 4\,nI$）或安匝数和电弧电流程度。在电弧电流不变的条件下，H 值（或磁感应强度 B 值）越大，电弧旋转越快（图 4-30），H 过大时，电弧将造成强烈收缩和拉长，而阳极和阴极斑点也将随之减小，炉内温度分布也将随之改变，从而影响熔化速度（降低）。相

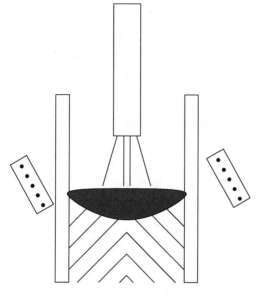

图 4-29　稳弧线圈的布置

反，H 过小时，电弧稳定性变坏，弧柱断面扩大，热损失增大，温度集中性变坏，易造成散弧，同样也降低熔化速度。因此在操作中选择合适的安匝数是十分重要的，这可从图 4-30 和图 4-31 中看出。

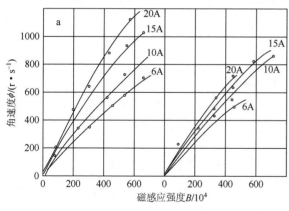

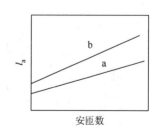

图 4-30　不同电流下电弧的角速度与 B 的关系

图 4-31　不同稳定弧长与安匝数的关系

a. 电极与结晶器间距 15 mm；b. 电极与结晶
　器间距 35 mm

　　要求稳定的弧长越长，应选用的安匝数也更大些。同时还可以看出，环形间隙尺寸越大，同一数量级的安匝数下可获得的稳定弧长也更大。另外，从 $H = 4nI$

的关系中得知 $H = f(nI)$，所以为使操作稳弧线圈具有合理的调节性能，最好把稳弧线圈做成多轴头的，这样更方便根据要求改变 n 值来调节 H 值。目前生产中多数是单纯采用调节电流 I 来改变磁场强度 H 值。在实践中，一般选用的稳弧供电参数为稳弧电压变动在 20～40 V，稳弧电流波动为 2～5 A。

4.2.7　关于熔池的电磁搅拌与反搅拌问题

1. 熔池搅拌作用

稳弧线圈所产生的磁场除提高电弧的稳定性使电弧发生有益的旋转作用外，还对金属熔池产生搅拌作用。因此又称稳弧线圈为搅拌线圈。这种电磁搅拌作用，在某些情况下是有益的，而在另一些情况下则是有害的。纵向磁场对熔池的搅拌作用与对电弧的旋转作用一致。图 4-32 所示为金属熔池中的运动情况。

当电弧电流相同时，磁场强度越大，熔池转动越快；当磁场强度一定时，电弧电流越大，熔池也转动越快。而且由于熔池表面的温度转高，黏滞性较小，电流值最大，因此表面的转动比内部快。

2. 电磁搅拌对冶金效果的影响

1）对熔池深度和形状的影响

同一电弧电流条件下，外加纵向搅拌磁场，熔池被搅拌，从而使熔池深度变浅，熔池形状由 V 形变成半球状，一般来说这种情况是有益的。

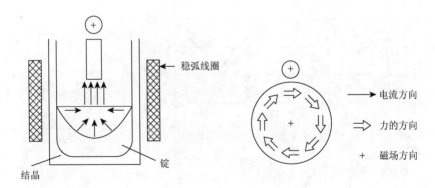

图 4-32　金属熔池中的运动情况

2）对锭表面质量的改善

当熔炼钛时，进行适当的电磁搅拌，可使锭表面质量有某些改善。如果搅拌过强，反而要恶化表面质量。在熔炼钢的时候，无论加不加搅拌，对表面质量的改善几乎没有影响。

3）对铸态组织的影响

加入附加磁场，使熔池处于搅拌下凝固，凝固时发生较多的晶核并妨碍一次结晶的生长因而铸态组织变细而且初次结晶发展不大。为此，对于铸态结晶易于粗大，而又不易加工的合金，电磁搅拌是有益的。

例如，熔炼 Fe-Cr-Al 合金和低碳不锈钢时，加电磁搅拌可得晶粒度细化的铸态组织。

4）对宏观组织的影响

对于一般钢和特殊钢，如果凝固时，熔池搅动，则能促使极小颗粒的杂质聚集而发生偏析现象。因此电磁搅拌对熔炼钢和特殊钢是有害的，所以现代大型炼钢自耗炉一般不采用电磁搅拌，只在引弧和填充期采用以稳定电弧。

3. 电磁弧搅拌对安全的影响

施加外附加纵向磁场，能使电弧产生螺旋状运动，弧柱扩散度减小，弧长变大，从而大大减小产生边弧烧坏结晶器的危险性，如图 4-33 所示。

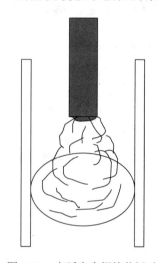

图 4-33　电弧产生螺旋状运动

在熔炼特殊钢时，一般因其气体含量小，几乎不存在产生辉光放电的压力区间，因此产生边弧烧坏结晶器的可能性很小。但在重熔 Ti、Zr 尤其是海绵钛时，因其放气量大，不免因气体突放而恶化真空度，使熔区瞬间出现辉光放电和产生边弧的压力条件，为防止这种危险，一般在熔炼过程中须施加纵向磁场，以提高电弧稳定性和防止电弧扩散，产生边弧。

4. 大炉子的自然搅拌现象

随着炉子容量的增大，所用自耗电极断面也增大，这时电极熔端状况呈非对称状，小电极熔端呈对称倒圆锥状，大断面电极熔端的非对称状导致电流在电极熔端的分布也呈非对称状，从而发生了电弧电流引起的熔池内部自然对流运动。这种对流运动有时对钢锭的宏观组织带来有害影响。另外，如果使用的电极含有的杂质较多或电极表面附着铁锈、氧化硅等杂质时，在重熔过程中这些杂质漂浮聚集在熔池表面上形成炉渣。附着在电极熔端底面等情况也将发生电流分布不对称，造成熔池对流运动。一般在小炉中并不发生这种自然对流搅拌，但在大炉中，特别是结晶器直径 1 m 以上时，这种现象极为明显，并带来极坏的影响。

5. 大型钢锭的静止熔炼方法

根据电极熔端的消耗状态，熔池发生向左或向右的对流运动。其流动（转）方向并不固定。若要消除这种自然对流搅拌，以实现所谓的静止熔炼，必须附加反向磁场，即用反向外加磁场产生的与自然搅拌方向相反的力，使其对消。这种附加反搅拌施加必须是能使磁场强度和方向依据炉况可自调的。大型真空电弧炉反搅拌措施是近几年来在炼钢生产中采用的新技术之一。

4.2.8　电弧熔炼的热平衡

电弧熔炼过程中，输入炉中的强大功率通过电弧析出的热量，

$$Q_e = 0.86 U_e I_e \tag{4-11}$$

式中，　Q_e——电弧析出的热量，$J \cdot h^{-1}$；

　　　　U_e——电弧电压，V；

　　　　I_e——电弧电流，A。

实际电弧析出热量的分配如图 4-34 所示，包括以下几个方面。

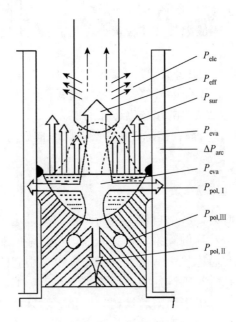

图 4-34　电弧析出热量的分配

（1）P_{eff} 称为有效热消耗。它是用于自耗电极的预热、加热、熔化和使熔化了的金属过热到一定程度所需的热消耗。所有这些热消耗均是有用的消耗，这部分

热量绝大部分（除自电极辐射给炉气及向电极卡具有方向传导的热损失外）由金属熔滴带入金属熔池。

（2）P_{eva} 称为金属蒸发热损失。它是用于金属蒸发的热消耗。

（3）P_{ele} 称为电极热消耗，它是由电极表面向结晶器壁或炉壳（炼室壁）的辐射热损失和沿电极轴向向电极卡具方向的传导热损失。这两部分热损失大部分是无用的并为冷却水带走。

（4）P_{sur} 称为熔池表面辐射热损失。它是指经由熔池表面向结晶器或炉壳或炉气的辐射热损失，属无用热损失为冷却水所带走。

（5）P_{pol} 称为经由熔池的热损失。这部分热损失包括经由熔池区间结晶器传导热损失 $P_{pol,I}$ 及锭体本身储存的热量 $P_{pol,II}$ 前两部分被冷却水带走，而 $P_{pol,III}$ 还用来保持熔池处于一定的过热和熔滴状态。因此 P_{pol} 不能认为是无用的热损失。

（6）ΔP_{arc} 称为弧柱热损失，主要是辐射通过炉气、结晶器或炉壳的热损失。

根据理论计算：熔化 1 t 碳素钢所需的理论电耗约为 400 kW·h。实际上真空电弧炉中直接用于重熔的有效消耗只占总热消耗的 30%~50%。这意味着冷却水带走的热量多。

4.2.9　电弧熔炼中的提纯

1. 真空电弧熔炼过程的脱气

氧、氢和氮是金属的主要有害气体，熔炼过程中的脱气就是要脱除这些气体以提高金属的纯度和改善金属质量。氧是一个活泼元素，常以氧化物形态存在于钢中，因此它只能以脱氧产物（氧化物夹杂）形式排除，或在少数情况下以碳氧反应形式脱除。所以熔炼过程中的脱气实际上主要是指脱氢和脱氮。其中氮气的脱除也只包括钢中溶解的氮。而形成氮化物形态的氮或靠氮化物夹杂在熔池中的上浮或靠其热分解去除。

真空电弧炉中脱气过程分两个阶段：固体电极脱气和液态金属的脱气。固体电极脱气是指电极熔化前，靠电极被加热过程中内部溶解的气体向低压气氛中扩散逸出。这部分脱气量一般为总脱气量的25%左右。其余气体量将在金属熔化过程中特别是熔池中逸出。关于脱气过程的理论主要是建立在物理化学平衡定律和气体溶解定律基础上的脱气过程热力学描述。而在实际中起更重要作用的动力学因素还很多，如脱气表面积大小、气泡核的形成速度、熔池的搅拌作用、扩散过程的发展程序等。

气态的氢和氮在纯铁液或钢液中溶解时，气体分子先被吸附在气-钢界面上，并分解成两个原子，然后这些原子被钢液吸收。因而其溶解过程可写成下列化学反应式：

$$\frac{1}{2}H_2 \longrightarrow [H] \quad \lg K_H = \frac{-1670}{T} - 1.68 \tag{4-12}$$

$$\frac{1}{2}N_2 \longrightarrow [N] \quad \lg K_N = \frac{-564}{T} - 1.095 \tag{4-13}$$

在小于 $10^5\,Pa$ 的压强范围内，氢和氮在铁液（或钢液）中的溶解度都符合平方根定律：

$$a_H = f_H w[H]_\% = K_H \times \sqrt{p_{H_2}} \tag{4-14}$$

$$a_N = f_N w[N]_\% = K_N \times \sqrt{p_{N_2}} \tag{4-15}$$

固态的纯铁中，气体的溶解度除与温度有关外，还取决于铁的相结构。也就是说在不同的相结构中，气体溶解反应的热力学数据不同，溶解度随温度变化的速率不同而不同。表 4-5 给出了不同状态下，气体在铁中溶解反应的热力学数据。

表 4-5　不同状态下气体在铁中溶解反应的热力学数据

铁的形态	$\frac{1}{2}H_2 \longrightarrow [H]$		$\frac{1}{2}N_2 \longrightarrow [N]$	
	$\lg\frac{w[H]_\%}{p_{H_2}}$	$\Delta G^\ominus$	$\lg\frac{w[N]_\%}{p_{N_2}}$	$\Delta G^\ominus$
α-Fe 和 δ-Fe	$\frac{-1675}{T} - 2.168$	$7206 + 9.86T$	$\frac{-1575}{T} - 1.01$	$7206 + 4.26T$
γ-Fe	$\frac{-1580}{T} - 2.037$	$7229 + 9.32T$	$\frac{-450}{T} - 1.926$	$-2509 + 8.82T$
液态	$\frac{-1650}{T} - 1.68$	$7840 + 7.69T$	$\frac{-564}{T} - 1.095$	$-2580 + 5.01T$

由表 4-6 可见，在铁液凝固过程中，相同的温度下（1534℃），溶解度急剧减小，且随温度的降低，溶解度减小。

表 4-6　不同温度下气体在铁中的溶解度

状态	液态			δ-Fe			γ-Fe			α-Fe		
温度/℃	1650	1590	1534	1534	1470	1390	1390	1250	910	910	620	410
[H]/10^{-6}	28.2	26.5	24.9	9.38	8.72	7.89	10.3	8.43	4.24	3.26	1.2	0.34
[N]/10^{-6}	409	400	391.6	131.3	128	110.4	206.8	219	266.3	45.6	16.8	4.8

因为气体原子在铁中的溶解是形成间隙式固溶体，凝固后，固体铁中原子间

的间距要比液态时紧密得多，造成了溶解度的急剧下降。α-Fe 和 δ-Fe 是体心立方，点阵常数为 0.286 nm，γ-Fe 是面心立方，点阵常数较大，达到 0.356 nm。

氮在 γ-Fe 中的溶解度是个例外，它随温度的降低而升高。这是因为此时有氮化物（Fe_4N）的析出，所以增加了氮的溶解度，又因为该反应是放热反应，所以随温度降低，溶解度增大。

如果在铁内除溶解有氢（或氮）之外，还溶解有其他元素，那么其他元素必然会影响气体的溶解。这种影响通常用气体的活度系数来描述：

$$\lg f_i = e_i^j w[j]_\% \qquad (4\text{-}16)$$

j 组元对氢或氧在铁中溶解的相互作用系数如表 4-7 所示。

表 4-7　j 组元对氢或氮在铁中溶解的相互作用系数

组元	C	P	S	Mo	Si	Al	Cr	Ni	Co	V	Ti	O
e_H^j	0.06	0.008	0.011	−0.0014	0.027	0.013	−0.0022	0	0.018	−0.0074	−0.019	−0.19
e_N^j	0.13	0.007	0.045	−0.02	0.047	−0.023	−0.047	0.011	0.011	−0.093	−0.53	0.05

图 4-35 和图 4-36 分别给出了各种合金元素对 f_H 和 f_N 的影响规律。

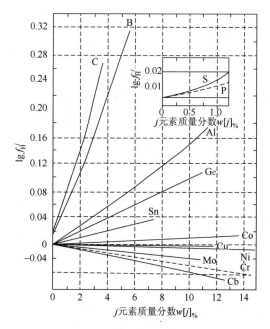

图 4-35　合金元素 j 质量分数对 H_2 在钢中的 f_H 的影响（1592℃）

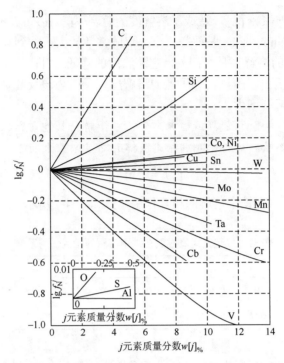

图 4-36　合金元素 j 质量分数对铁中 f_N 的影响（1600℃）

2. 真空熔炼过程中的蒸发

真空熔炼的特点之一，是可利用蒸发现象去除某些有害杂质，提高金属纯度和改善金属质量。例如，As、Sn、Sb 和 Cu 等能显著降低钢和金属材料的质量。在一般冶金方法中不能去除，采取真空熔炼是减少这些杂质的唯一方法。

为了有效地利用蒸发过程去除某些有害杂质，还应创造一定的条件以减少由蒸发进入气相的杂质质点再返回到熔池中的可能性。在真空电弧炉的特定条件下，由蒸发去除有害杂质大部分附着在熔池表面以上的结晶器上形成所谓的锭冠。显然在锭冠中富集了各种蒸发去除的有害杂质，锭冠的外观呈多孔状凝结层。当熔池上升时把锭冠埋入并大部分形成锭的外皮，少部分可能再熔化返回到熔池中。为提高金属纯度，减少蒸发的杂质再次返回到重熔的金属中，在熔炼工艺上，必须保证熔池表面的加热宽度小于结晶器直径，即使熔池的活跃表面周围有一定的静止低温层来保证锭冠不被熔化。

熔态金属中各组分的蒸发速度和它们的蒸气压、炉内压力及金属表面附近的气相中该组分的浓度有关。在 1600℃时各种元素的蒸气压按下述次序递增：W、Mo、Zr、Ti、Co、Si、Cr、Cu、Sn、Al、Mn、Pb、Sb、Bi、Ca、Mg、Zn、Cd、As、S 和 P。Ca、Mg、Zn 和 Cd 的沸点处于 750～1450℃，而 As、S 和 P 的沸点或升华点还要低得多。因此在真空熔炼中，Ca、Mg、Zn、Cd、As 和 S 的蒸发去除较明显，只有 P 例外。一般比 Fe 蒸气压高的元素，在真空熔炼中有可能发生蒸发，蒸气压越高，蒸发的量越大。相反，比 Fe 蒸气压小的元素，则不可能蒸发。表 4-8 为 1600℃时几种元素的蒸气压和气化热。

表 4-8　1600℃元素的蒸气压和气化热

元素	气化热 ΔH/(kJ·mol^{-1})	1600℃时蒸气压/Pa
Mn	226.0	7091.35
Al	293.4	253.26
Sn	295.8	111.44
Cr	344.3	66.86
Cu	300.3	151.96
Si	384.2	0.31
Fe	349.6	10.13
Ni	370.4	5.27
Co	376.5	4.76
Ti	421.0	0.25
V	452.0	6.68×10^{-2}
Mo	598.0	3.24×10^{-6}

　　蒸发去除有害杂质是所希望的，但蒸发过程中还会使某些有益元素如 Mn、Cr 等发生蒸发损失。蒸发速度或蒸发量则与炉内选定的真空度关系较大。炉内压强越低，其蒸发量越大。但在真空电弧炉中，熔区的真空度很难保持在低于 0.13～1.3 Pa 的压强。在这样的真空条件下，总的蒸发速度并不是很大。所以为保证产品质量，真空电弧熔炼中心必须采用尽可能含有杂质少的原料，而不能把希望寄托在真空蒸发上。

　　3. 低价金属气化物蒸发脱氧

　　化学领域内近几年来的一项重大发现是在不同星球上的大气中发现了一些低价气化物（一氧化物），这个发现已为冶金工业学者用到真空冶金中来讨论高真空下的脱氧。所谓真空熔炼中的低价气化物脱氧问题的实质，在于高温高真空下利用某些金属的低价氧化物具有较高蒸气压的特点，即利用它们所具有的强烈蒸发性能，把金属中的氧进一步去除。至于低价氧化物的产生也是在高温真空两个条件下所造成的高价氧化物的分解形式。表 4-9 列出部分金属-氧化物与金属的蒸气压比。

表 4-9　金属-氧化物与金属的蒸气压比

能用于脱氧	不能用于脱氧
$MoO/Mo = 10^5$	$Ti/TiO = 1$
$CbO/Cb = 10$	$V/VO = 10^2$
$BO/B = 10^2$	$Be/BeO = 10^3$
$WO/W = 10^2$	$Cr/CrO = 10^4$
$ZrO/Zr = 10^2$	$Mn/MnO = 10^5$
$ThO/Th = 10^3$	$Fe/FeO = 10^6$
$HfO/Hf = 10^4$	$Ni/NiO = 10^7$
$TaO/Ta = 10^4$	
$YO/Y = 10^5$	

4. 夹杂物上浮去除机理

真空电弧炉中非金属夹杂物的去除途径有三种：①熔池中上浮去除；②借碳氧反应使某些氧化物还原去除；③借热分解使某些氧化物、氮化物和硫化物在熔池和电极熔端表面上通过热分解去除。

据现有实践表明三种去除夹杂的途径以①为主，而②只在重熔不脱氧或半脱氧的金属时，才有一定作用，③在真空电弧熔炼条件下，反应也不大。熔池金属温度较高、流动性好以及自下而上的结晶顺序减少枝晶捕捉非金属夹杂的可能性等因素都对熔池上浮去除夹杂创造了有利条件。熔池上浮去除主要适用于氧化物和稳定的氮化物夹杂。对于硫化物，则因它以溶于钢中的状态存在，只能靠热分解或挥发去除。

熔池中夹杂物上浮去除的必要条件是只有夹杂物在熔池中上浮速度大于熔池金属结晶的轴向线速度时才能完成。熔池中球状夹杂物的上浮速度可用斯托克斯公式近似求出：

$$v_s = K \cdot \frac{2}{9} \cdot g \cdot \frac{1}{\eta} \cdot r^2 (\rho_m - \rho_s) \tag{4-17}$$

式中，K——常数，对于钢水，$K \approx 1$；

g——重力加速度，$980\ \mathrm{cm \cdot s^{-2}}$；

η——动力黏度，$\mathrm{g \cdot cm^{-1} \cdot s^{-1}}$；

　　r——夹杂物颗粒半径，cm；

　　ρ_m，ρ_s——金属与夹杂物的密度，g·cm^{-3}。

重熔普通钢时，v_s 的大小可粗略地采用下述数据进行近似计算：$\eta = 0.023$ g·cm^{-1}·s^{-1}（1610℃时碳钢）；$\rho_m = 7.16$ g·cm^{-3}（1600℃时纯 Fe 密度）；$\rho_s = 3.6$ g·cm^{-3}（30%SiO$_2$ + 60%Al$_2$O$_3$组成的硅酸盐）。将上述数据代入式（4-17）得

$$v_s(cm \cdot s^{-1}) = 33700r^2 \tag{4-17a}$$

或用直径 D 表示球状夹杂物尺寸的大小：

$$v_s(cm \cdot s^{-1}) = 8425D^2 \tag{4-17b}$$

换算成 cm·min^{-1} 为单位时：

$$v_s(cm \cdot min^{-1}) = 505500D^2 \tag{4-17c}$$

　　在真空电弧熔炼中非金属夹杂物直径尺寸大部分在 10～20 μm 之间波动，按式（4-17c）计算 D 为 5 μm、10 μm、15 μm 和 20 μm 的夹杂物在钢水中的上浮速度分别为 0.125 cm·min^{-1}、0.5 cm·min^{-1}、1.125 cm·min^{-1} 和 2.0 cm·min^{-1}。用此组数据绘制各种尺寸夹杂物的上浮速度曲线，如图 4-37 所示。图 4-37 中粗略地标注了锭的轴向结晶线速度变化范围（阴影区），从图中可以看出，只有当熔炼过程中结晶轴向线速度 v_K 小于 v_s（即在 A 区）时，大于 7 μm 的夹杂物才能上浮去除。

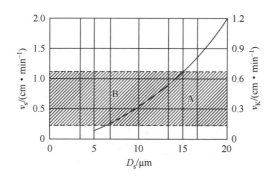

图 4-37　夹杂物上浮速度 v_s 和夹杂物直径 D_s 之间的关系

　　金属熔池上升速度 v_M 或锭轴向结晶速度 v_K，随熔池直径 D_K 的增加而放慢。从保证夹杂物上浮去除方面讲，随 D_K 增大，夹杂物上浮更容易，原因是 $v_s > v_K$（v_M）时，可上浮夹杂的尺寸可以变得更小。另外，理论计算发现，在各种熔池直径 D_K 条件下要想靠上浮去除 5 μm 以下的非金属夹杂物是不可能的。同时随 D_K 的增大，可上浮去除的最小夹杂尺寸也变得更小。

　　图 4-38 是夹杂物在熔池中最大停留时间 τ 与熔池直径 D_K 的关系。从图 4-38 中可以看出，熔池最大停留时间 τ 随 D_K 增大而增大，也是表征熔池中夹杂物能上

浮的最大时间。图 4-39 是利用图 4-38 在各种熔池直径 D_K 下，按斯托克斯公式计算的各种尺寸夹杂物上浮速度绘制在熔池最大停留时间内，各种尺寸的非金属夹杂物，所能上浮的最大距离 L_s。图中的 h_M 是熔池深度。

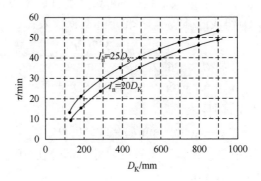

图 4-38　夹杂物在熔池中最大停留时间 τ 与熔池直径 D_K 的关系图

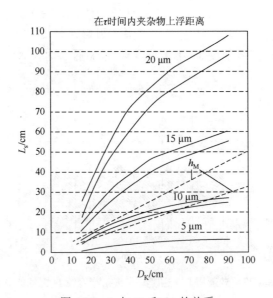

图 4-39　L_s 与 D_K 和 h_M 的关系

　　最后还要说明一点，建立在斯托克斯公式基础上计算的各种尺寸夹杂物的上浮速度 v_s 要比实际的上浮速度小一些。这是因为夹杂物在上浮过程中会发生聚集和长大，以及有气泡发生时，又会加速上浮。所有这些都会使其上浮加快。虽然没有实践数据可以确切知道实际的上浮速度比计算值快多少；但初步估计有可能快 1 倍以上；否则小于 5 μm 的夹杂物无法上浮去除。实际上小于 5 μm 的夹杂物在熔池中上浮去除的可能性是存在的，否则不足以说明大量 2.54～7.6 μm 的夹杂物去除的实践（表 4-10），也不能解释金相试片上大于 5 μm 的夹杂物不多的现象。

表 4-10　GCr9 轴承钢重熔前后夹杂含量和尺寸

状态	各种尺寸的夹杂数目/μm				夹杂物平均总长/μm
	2.54～7.6	10～15	28～50	＞50	
自耗电极（电炉）	466	90	16	16	7.87
真空电弧（重熔后）	126	3	6	0	3.2

保证熔池中非金属夹杂物去除的基本条件是 $L_s > h_M$，因此在确定工艺参数时要综合考虑各种熔池直径 D_K 下，最大停留时间 τ 内，夹杂物所能上浮的距离 L_s 所要求的合理熔池深度。

4.3　真空电弧炉的机械设备

4.3.1　真空电弧炉的组成及分类

现代真空电弧炉大致由下述几个部分组成：①完成电弧熔炼工艺要求的各种动作的机构和装置；②保证能够及时排除熔炼过程中"放气"的抽真空系统，并附有通入保护气体的充气系统；③电源设备；④工艺过程的自动控制与远距离观测系统；⑤冷却和热水供应系统。

真空电弧炉分非自耗电极式和以待熔炼金属本身作自耗电极式的两种。按炉内气氛又可分为真空电弧炉和充气电弧炉。后者是在熔炼过程中在炉内充保护气体（如 Ar）。另外还有一种所谓壳炉，主要用于铸造生产。这种壳炉可以是自耗电极式，也可是非自耗电极式，或者两者通用。

非自耗电极电弧炉因存在电极材料对金属的污染，充气电弧炉在电弧的稳定性和脱气效果等方面皆比真空自耗电极炉差。因此，目前在国内外，除在实验或特殊需要外，非自耗炉和充气自耗炉在生产中几乎不再使用。另外有少数壳式炉用来生产某些活性金属的铸件。

4.3.2　真空电弧炉的合理结构

从工艺方面讲，真空电弧炉炉体本身的机械结构和装置应能完成下列各种操作。

（1）熔炼前能够方便地安装和调节自耗电极在炼室内的位置，熔炼后易于拆卸假电极和清刷炉内各构件上沾污的附着物。

（2）熔炼过程中能按工艺要求慢速给进电极和快速提升电极。电极升降速度的调节范围要适于各种工艺要求。

（3）在某些情况下，需要采用抽锭机构，抽锭速度要与熔化速度（实质是熔池升高的轴向速度）相适应和具有灵活的调节范围。

（4）在熔炼过程中各种机构的动作应不破坏炼室的真空状态，即要具有良好的密封性以保证漏气度最小。

（5）为防止炉内压力由某种原因突然升高造成事故，需在熔炼室上设有自动减压安全防爆孔，炉体外部还要设有防爆围墙。

（6）为及时观察到炉内电弧和熔池状况及清理炉内沾污物，熔炼室上还应设有足够的观察孔和人孔。

（7）炉体承重结构的炉架和炉台，除具有足够的强度和防止变形外，还要有足够的刚度来防止结构晃动。操作平台要有足够的面积以利于操作。

在炉子整体设计中还要注意电弧的绝缘和使磁场呈对称布置（对于电弧）。

为完成上述各项要求，一台现代的真空电弧炉应具有下列各种机构和结构：①电极升降机构；②结晶器；③炉壳（即炼室）及其附属装置如防爆孔、观察孔和人孔，以及真空测量孔和充气与放气阀等；④抽锭机构；⑤炉子承重结构（炉架）和操作平台。

4.3.3　真空电弧炉的机械结构

1. 电极升降机构

电极升降机构是真空电弧炉机械结构的核心。它的作用是在熔炼过程中依据工作要求连续均匀地给进电极，以保证适宜的弧长和电弧稳定燃烧，在短路时能迅速地提升电极。

1）电极升降机构的基本要求

（1）应具有轻便稳定而连续地提升电极或给进电极的性能。

（2）具有高度的调节灵活性和小的惯性。

（3）电极与结晶器模底接触时，要具有适宜的缓冲作用，以防冲坏模底。

（4）结构尺寸要有较大的适应性，以便熔炼不同直径尺寸的电极和各种重量的锭子。

（5）电极升降过程中要保持炉内漏气度小，要求具有良好的密封性能。

（6）构造要简单，便于加工制造和安装，并要便于维护和检修。

（7）要有足够的强度，以保证使用寿命高。

（8）防止受热变形要采取水冷措施。

2）电极升降机构的种类

电极升降机构包括两种：①轮式升降机构（淘汰）；②连杆式电极升降机构（常用），一般由传动装置、连杆和电极把持器组成，如图4-40所示。

3）电极把持器的构造

电极把持器固定在连杆下端，在熔炼过程中受辐射，温度较高。把持器的基本要求是装卸电极方便，对中性好、把持的强度要高（夹紧力要大），不得脱落，维护方便，易于修理。常见的电极把持器结构如图4-41所示。

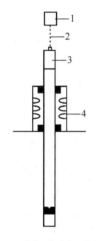

图4-40 连杆式电极升降机构

1. 链轮；2. 链；3. 连杆；4. 动力密封

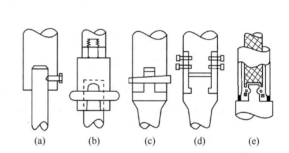

图4-41 常见的电极把持器结构

（a）螺丝连接器；（b）爪形夹持器；（c）、（d）楔形夹持器；（e）气动夹持器

2. 结晶器

1）结晶器的基本要求

真空电弧炉结晶器的基本要求有：①为保证结晶器材料不沾污所炼金属及不与所炼金属形成金属化合物，因此要求选用比所熔炼金属活性小的金属；②为保证液态金属散热较快，要求选用导热性好的金属制造，如紫铜；③为保证脱锭方便和锭表面光洁，结晶器应内表面光洁和具有一定的锥度；④为保证具有较高的使用寿命，在厚度方面要求具有足够机械强度的前提下，尽可能薄一些以提高其导热能力，一般结晶器内壁厚度为 10～15 mm；⑤为强化水冷，避免局部过热，形成死区而产生局部沸腾，大型结晶器在其水套中间装有导流板，以提高其流速。

2）结晶器的类型

结晶器的类型如图 4-42 所示，中型和大型电弧炉采用封底式［图 4-42（a）］和活底可拆式［图 4-42（b）］及水套式［图 4-42（c）、（d）］三种结晶器。

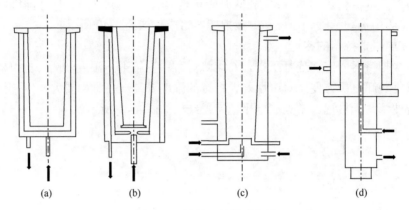

　　　　(a)　　　　　　　(b)　　　　　　　(c)　　　　　　　(d)

图 4-42　　结晶器种类示意图

3）结晶器的材质与厚度

制造结晶器内衬的材质，皆用紫铜。可用紫铜板、无缝铜管焊接，也可用电解沉积法直接制得结晶器内衬筒。结晶器内衬的上法兰盘、小型结晶器皆用紫铜板，而大型结晶器考虑到紫铜强度低，多采用高强度青铜。

小型结晶器外套，由于其上加装稳弧线圈，也采用紫铜。

大结晶器外套和其中的导流板，为节省紫铜而采用无磁的奥氏体不锈钢制造。

内衬厚度视结晶器大小而定，一般在 10～15 mm 之间波动。上限值适用于大结晶器。

外套厚度只要保证具有足够的强度即可，无具体要求，一般为 10 mm 左右。

结晶器的内衬与导流板的间隙尺寸，即冷却水层温度是个关键数据，因为它直接影响靠内衬冷却面的水流速度和流动情况及冷却强度。但合理的间隙尺寸目前尚无定论。一般地，D_K 在 200 mm 以上的结晶器，选择 10 mm 以上的间隙尺寸。

4）结晶器的导电方式

熔炼过程中通过结晶器要引入强大的电流，小炉子几千安培，大炉子可达几万安培。如果引入不当，不仅会造成结晶器局部过热，还会引起电流分布不均和产生的自身磁场不对称，会造成电弧的磁吹偏和熔池强烈旋转，从而影响产品质量和烧坏结晶器。

苏联设计的炉子多数是由结晶器底部引入电流，不但使用不便，每次装卸结晶器时，都要装卸一次引入电缆，还造成不对称磁场使电弧歪扭和熔池的强烈旋转。另外还会造成熔炼过程中因固态锭子收缩使铸锭与模底脱离而电流中断，强迫停炉。

我国除小炉子仍采用底部导电外，大部分炉子导电皆采用由结晶器上法兰对称引入（图 4-43），这种引入方法可以克服底部引入的所有缺点。

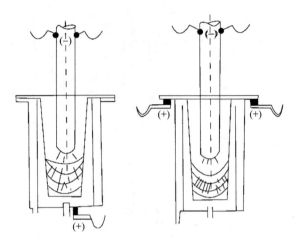

图 4-43　结晶器的导电方式

3. 抽锭机构和熔炼室

1）抽锭机构

抽锭机构并非所有真空电弧炉都必备的机构。它只在某些生产活性金属的小型炉子上采用。抽锭结构的主要任务是在熔炼过程中配合熔化速度抽出在结晶器中已经凝固的钢锭，见图 4-44。

2）熔炼室

熔炼室又称炉壳或真空室，是双层水冷的圆筒形结构（图 4-45）。其上部配备电极连杆进入的动力密封仓和三个以上的窥视孔。这些窥视孔分别供工艺电视、光学观察和目视用。熔炼室的下部与结晶器相连，熔炼室正面设有操作人孔和窥视孔，侧面与真空机组连接，并设有自动减压防爆孔。

熔炼室在熔炼时采用水冷，在停炉破坏真空打开熔炼室前和封炉抽空初期最好用温水流动冲洗，借以避免在熔炼室壁上形成冷凝水和延长抽空时间。

熔炼室内壁最好采用不锈钢或复合钢板制造，外壁用碳素钢板制造。

4. 真空系统

真空电弧炉过去的真空系统皆由扩散泵、油升压泵和机械泵组成。然而近几年来，新设计的炉子，大部分改为油喷射泵、机械升压泵和机械泵组成的系统，

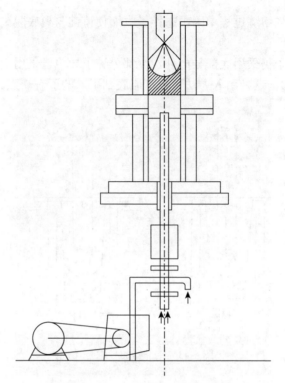

图 4-44　真空电弧炉的抽锭机构

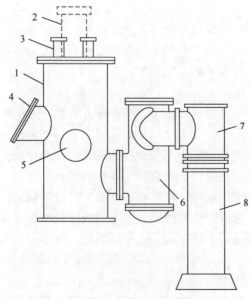

图 4-45　熔炼室构造示意图

1. 熔炼室；2. 动力密封仓；3. 窥视孔；4. 自动减压防爆孔；5. 人孔；6. 除尘器；7. 阀门；8. 泵

如图 4-46 所示。这种变革是因为发现真空电弧炉电弧区的真空度，由于受到放出气体和金属蒸气的影响，使用波动在 0.13～13.3 Pa 下具有最大抽气能力的新型油喷射泵的机械升压泵（罗茨泵）更为理想。

真空电弧炉的新式真空系统有下述两种布置类型：①油喷射泵-罗茨泵-旋转式机械泵；②罗茨泵-罗茨泵-旋转式机械泵。

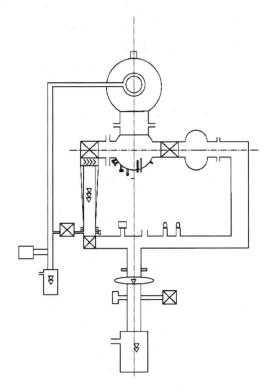

图 4-46　7 t 真空自耗电弧炉真空系统

4.4　真空电弧炉的电源与其自动控制

4.4.1　真空电弧炉的电源

电源设备是真空电弧炉的重要组成之一。原则上讲直流和交流电器皆可，而且各有利弊。从技术上讲，直流供电好，这是因为直流电弧稳定性高，可控制性能好，热效率较高。但直流电源投资大，大功率直流发电机制造困难，效率低，所以在大功率硅整流器未发展之前，人们一度认为交流供电是其发展方向。其理由是交流电易于获得，设备投资少，可不受功率限制，但电弧稳定性差有待解决。

然而近年来大功率硅整流器的成功运用，使直流电的获得变得容易，投资也相对降低了，所以真空电弧炉采用直流电的地位进一步得到了巩固。

实际上几乎所有的真空电弧炉均采用直流供电。这除了上述原因外，还有下述理由。

（1）直流供电在低的空载电压（50～80 V）下，可在真空和保护气氛中获得高稳定性电弧，但交流供电时，要想获得稳定的电弧，必须提高空载电压或附加高频电流。这两者都会增加寄生电弧和边弧的产生概率。

（2）直流电正接操作时（金属熔池为阳极），大约有 2/3 的电弧能量用于熔炼，而交流电只有 1/2，所以直流供电热效率高。熔池温度较高，这对获得光洁表面质量和提高金属脱气效果也有利。

真空电弧炉对电源基本要求包括以下几个方面。

（1）从工艺方面讲：保证电流稳定燃烧，维持工艺参数（电弧电流和电压）的恒定，并能依据要求进行调节供电的参数。

（2）从操作方面讲：便于操作，易于维护检修，并保证人身安全，不致引起触电的工伤事故。

（3）从经济上讲：构造要简单，结构要紧凑，制造要容易，材料要节约，成本要低，并且要求在使用过程中电能消耗小。

1. 电动机-发电机组

顾名思义，电动机-发电机组是由电动机和发电机组成的联合机组。这两台电机的轴是结合在一起的。其中电动机一般小型电源可采用 380 V 感应电动机，而大型电源采用 6000 V 高压感应电动机或同步电动机皆可。至于发电机则是一种特殊的发电机，它除了发出直流电外，还必须满足电弧熔炼过程所要求的一些特殊性能，如具有合适的下降特性、具有适宜的空载电压、在保持空载电压不变或变化很小的条件下电流能在较大范围内均匀调节的性能、良好的动特性、具有较大的抗短路冲击性能。

直流电弧炉用的发电机，其基本原理与一般直流发电机是相同的，都是靠发电机电枢上的导体切割 N 极和 S 极下空气内的磁通而感应出电势。

2. 半导体整流器

采用半导体整流器作电源具有许多优点。半导体整流器包括硒或锗整流片和晶体整流管。过去不能制造大功率整流管时，主要应用硒或锗整流片组成的大功率半导体整流器。近年来广泛采用大功率晶体整流管组成的整流器，它的体积更小，效率更高。

与直流发电机相比，半导体整流器有下述优点：①电磁惯性小，动态特性比发电机优越；②没有机械转动部分，结构简单，运行可靠，维修方便；③体积小而轻，不仅节省电工材料和有色金属，而且占比面积小，不需要地基；④电能直接转换，比发电机效率高，电能耗损小；⑤整流器运行没有噪声，劳动条件好；⑥整流器操作设备简单，无需直流发电机组的高压启动设备；⑦整流器输出电压总是脉动的，而且对电网电压的波动特别敏感，使熔炼供电参数不稳定，这点不如发电机，但可采取滤波措施解决。

4.4.2　真空电弧炉的自动控制

自动控制系统是真空电弧炉的重要组成部分之一，其中的电极升降或称为电弧长度的自动调节是这个重要组成部分的核心。

实践经验指出，要想优质低耗而又安全地进行生产，就必须首先保证稳定的电弧燃烧和稳定的电极熔化，为此就必须做到，在电弧燃烧时，使正离子对阳极的轰击集中在电极末端的表面上，只有这样才能获得最佳的稳定熔炼条件。

要实现上述条件，须严格控制一定的电弧长度，并使弧长小于结晶器与电极之间的间隙距离，以防止产生边弧。但是电弧长度也不能太短，当弧长小于 10 mm 时，电弧会被熔化形成金属熔滴短路，限制了电弧长度的无限减小，因此只有弧长在严格的范围内，熔炼过程才能正常进行，规定的弧长变化范围视采用的结晶器和自耗电极的直径而定。对于熔炼不同金属材料，当其锭直径在很广的范围（如50~600 mm）内变化时，电弧长度应保持在 10~50 mm 之间，其上限适用于大直径锭子和用大的电弧电流强度。

实现自动调节电弧长度的自动控制构成了现代真空电弧炉中不可缺少的重要组成部分，现代真空电弧炉除具有自动调节电弧长度的电极升降自动调整（控制）系统外，还有真空系统、冷却系统和脱锭及液压系统等自动控制机构和电器元件。

4.5　真空电弧炉熔炼工艺

4.5.1　真空电弧炉熔炼的工艺操作概述

真空电弧熔炼的工艺操作一般包括以下几个步骤：①熔炼前的准备；②装炉；③开炉前检查、抽空和开炉熔炼；④停炉和卸炉；⑤善后处理。

1）熔炼前的准备

熔炼前的准备包括操作人员的思想准备和物质准备。思想准备主要是组织有关人员熟悉各自的工作岗位、职务、工艺规程和工作要点及安全规程等。根据凡事预测则立、不预测则废的原则，要预测可能出现的不正常现象和事故，并确定消除不正常现象和事故的对策与措施。物质准备包括：引弧料（垫或粉料），合适的结晶器，带卡头的假电极、自耗电极（或带卡头的自耗电极），以及常用工具等设备。

2）装炉

在准备工作完成以后，开始进行装炉工作。把准备好的带有卡头的自耗电极或带卡头的假电极与自耗电极按要求装入炉内，并把结晶器对正炉子熔炼室装配好。前者是指把带有卡头的自耗电极装到炉内电极升降连杆的电极把持器上。后者只是将带卡头的假电极装到把持器上，而自耗电极在结晶器内摆好放正，在封炉并抽空以后进行炉内电极对焊。由于真空电弧炉具有不同的炉型结构，具体的装炉操作应视其特点而异。

3）开炉前检查、抽空和开炉熔炼

为保证熔炼顺利进行，在装炉过程中就已经开始对炉体各个系统——电源、水冷、机械传动和真空系统分别进行试车前的检查。在炉子装配和检查合格后，可开动真空机组进行抽真空。当炉内抽到规定的真空度后，便可通电进行熔炼。在熔炼过程中不断通过各种仪表和光学电弧投影器、工业电视等观察炉内熔炼情况，随时调整工艺参数。

4）停炉和卸炉

当熔炼完毕后，立即切断电源停炉。但这时真空泵仍须继续工作，一直到炉内"钢锭"冷却到不被大气氧化的温度，才能停止真空泵的工作。这时，冷却系统除真空系统的冷却继续进行外，炉体、电极连杆、结晶器等皆可停止工作。在真空系统停止工作后，即可进行卸炉、脱锭、卸下带电极卡头的假电极。如果在炉内进行焊接电极时，假电极可以不卸下，留待下炉使用。卸炉操作与装炉操作相似，程序相反。

5）善后处理

卸炉脱锭后的善后处理包括对熔炼室内各构件表面上的飞溅物、蒸发物的清除和炉内易损件耗损情况的检查。清除炉内工作用脱脂棉纱、纱布或绢丝等蘸易挥发性液体（如汽油、酒精、四氯化碳及苯等）进行擦洗，以备下炉再炼。如果停炉不再继续熔炼，在擦洗之后封炉并抽成真空状态，以防止大气中水分对炉内各部件的侵蚀和吸附影响炉子抽空速率和下炉熔炼的产品质量。脱出的"钢锭"视材料本身的属性决定是否需要缓冷和采用何种方法缓冷。

4.5.2　真空电弧熔炼的分期和各期的任务

真空电弧熔炼全过程分三个依次连续进行的阶段：①引弧建立熔池期；②正常重熔期；③头部填充期。

1. 引弧建立熔池期

1）引弧建立熔池期概述

引弧建立熔池期是真空电弧熔炼的第一期，它的任务主要是引燃电弧和使电弧迅速过渡到稳定燃烧状态及建立起一定深度的熔池。此外，在引弧期由于有部分电极金属熔化，这部分熔化的金属起着清除附于炉内各构件表面上的其他物质作用（金属吸附剂作用），特别是在熔炼钛时，其吸气作用更为明显。

为了完成引弧期的任务，要求引弧期的熔化速度尽可能小，以免大量金属充当金属吸附剂而被气体所沾污。因此，开始时宜用小功率电弧操作。此时的小功率操作还可避免水冷模底被烧坏和由此引起的沾污。小功率电弧、低速熔化，还能防止气体猛烈析出而造成大量喷溅，而这种喷溅是恶化锭表面质量的重要因素之一。

另外，对于某些钢种，由于热敏感性强，自耗电极需要一个逐渐升温加热的过程，否则自耗电极在熔炼过程中易发生热炸裂。因此，引弧期也必须从小功率开始，然后逐渐增大。

迅速建立起足够大的金属熔池实质是提供足够高温的阴极表面，借以减少阴极热损失和增加放电空间（两极之间）的温度来保证电弧稳定。因此，为了迅速建立起熔池，须在引弧中期逐渐增加电弧功率以增大熔化速度，只有当建立起熔池后，电弧的燃烧才能稳定而连续地进行。

2）生产中采用的引弧方法

（1）直接接触引弧法。其实质是使自耗电极与结晶器模底做瞬间短路，再缓慢拉开起弧。这种引弧方法的原理是：两极间的接触实际上只是个别的突起点（两极横断面不可能绝对光滑），短路瞬间在突起点上将通过强大的电流，足以把它们加热到极高的温度，从而使阴极表面有了强烈的发射热电子的条件。这时如果将两极慢慢拉开，阴极表面热电子立即开始并产生电弧，自耗电极将产生局部熔化和蒸发，处于两极间的气体和金属蒸气，在电场中的电子轰击作用下也发生强烈电离，因此两极之间的电弧进一步稳定。阴极端表面除了热电子发射外，还有自发射，这两种电子的轰击作用，足以使两极间的气体和金属蒸气进行电离，同时在热与光的作用下，还存在热电离和光电离。随着两极间气体与金属蒸气电离程度的增加，电弧过程也更加稳定。

（2）非直接接触引弧。直接接触引弧法易烧坏水冷模底而沾污金属，安全程度低，因此近年来在生产中很少采用。目前生产中常用的引弧方法实质与直接接触引弧法完全一样，只是为了安全和防止金属污染而放置与熔炼金属同成分的引弧垫或引弧料（或者两者同时采用），一般称为非直接接触引弧法。

实践表明，引弧期的供电制度比正常重熔期的功率要小得多。引弧期电弧电流一般为正常重熔期的 50%～60%。

2. 正常重熔期

真空电弧熔炼的第二期为正常重熔期，该期的长短因锭重而异。它占整个重熔过程的绝大部分。其任务是去除气体、非金属杂质和各种有害杂质；均化成分、改善结晶质量、消除各种缺陷，以获得表面光洁和结晶组织合理的高质量锭材。

在某些情况下，在正常重熔期还附加有超声波、电磁搅拌和机械振动等处理，以细化结晶组织、使有害杂质均匀分布。显然，正常重熔期是净化重熔-重注过程，是综合提高金属质量的关键时期。

为完成上述各项任务，其关键在于正确选择各种工艺参数和在重熔过程中保持各种工艺参数的恒定。这些工艺参数主要是电弧长度、电弧电压、电弧电流、真空度、冷却强度、稳弧安匝数等。在熔炼过程中，这些参数如有波动，应及时进行调节。另外，在熔炼前要依据产品要求和后部工序加工能力选定合适尺寸的结晶器及相适应的电极直径尺寸和电极制造方法。在保证产品质量的前提下，应尽可能选用大功率电炉进行熔炼，以便获得更好的技术经济指标。

3. 头部填充期

头部填充期又称头部加热填充期，它是真空电弧熔炼最后一期工艺操作。其任务在于防止头部收缩和内部疏松，引导头部中的气体和夹杂物做最后的排除从而确保头部质量与锭本体在纯度和结晶质量上的一致性。

为完成上述各项任务，必须在重熔结束前的一段时间里，采用尽可能小的电弧功率进行头部加热填充操作，使熔化速度尽可能小。

实践证明，填充期的电弧电流仅占正常重熔期的 30% 左右。因为这个时期的电弧功率主要是用于弥补热损失来保持熔池表面部先行凝固，而不是为了熔化电极。

当然，小功率电弧操作一方面可以保持熔池表面处于液态，另一方面也可以提供少量液态金属不间断地进入熔池来填充由凝固和结晶所造成的体积收缩。与此同时，还可以保证锭材结晶方向不变，即保持锭头结晶方向与锭身的一致性——逐渐由下而上地减少熔池体积和深度，到停电时头部熔池减到最小。始终保持熔池表面处于液态而不先行凝固还有利于头部气体和夹杂做最后排除，这就保证了锭头纯度的提高。

4.5.3　真空电弧熔炼参数及其确定

在选定工艺参数时，应遵从下述三个原则。

（1）保证真空熔炼过程中电弧具有良好的连续燃烧的稳定性，这是正常生产的前提。也就是说，要在整个熔炼过程中保证稳定的电弧过程，避免短路和辉光放电及产生边弧和闪弧，否则将严重影响熔炼进行过程和恶化产品质量。

（2）确保产品质量。真空电弧熔炼的最终目的是获得高质量锭材，因此，在选定各种参数时，应以确保质量为核心，即要使获得的产品纯度高、化学成分合格均匀、结晶组织合理、无缺陷和机械性能良好。

（3）在确保电弧过程稳定和高质量的前提下，应努力降低电耗，提高生产率、降低生产成本及获得最佳的技术经济指标。

真空电弧熔炼工艺参数通常包括以下几个方面的内容：①电极直径 D_O 及其与锭直径 D_C（或结晶器直径 D_K）的比值；②真空度 p_T；③电弧长度 L_O 与重熔电压 U_n（包括电弧电压 U_O 和短网压降）；④重熔电流 I_n 或电弧电流 I_O；⑤冷却强度和耗水量；⑥填充制度；⑦炉内电极焊接制度；⑧稳弧制度或电磁搅拌制度等。

1. 电极质量及其尺寸的确定

1）对电极质量的要求

（1）自耗电极金属必须是全脱氧的。

（2）必须保证某些易挥发的成分在电极中具有足够的富余浓度。例如，在重熔时，钢中锰挥发损失一般在 15%～20%波动，而铬损失 3%。因此自耗电极的组成中，那些蒸气压高、易损失的元素必须比产品规格上限高，否则重熔后会因成分不合格而报废。

（3）电极轴向的化学成分必须均匀。

（4）电极粗细度要均匀。

（5）电极表面要光洁，缺陷要少，表面不得有沾污物和杂质，否则电弧不稳，易产生边弧或扩散闪弧与飞弧。

2）自耗电极的制造方法

（1）难熔与活性金属电极的制造。

粉末压制：粉末直接压制成型，粉末压制后经预烧结脱气和热压制。

压制方法：立式圆锥压模冲压成型法、卧式圆锥压模冲压成型法、立式正锥度圆形压模冲压成型法、水静压力成型法（等静压制法）。

电极的连接：对小断面电极一般采用焊接法。在真空或氩气保护下用电弧焊，或在大气中用局部吹氩或氢气保护下对焊。而大断面电极还设有专门焊电极设备或者在自耗炉内之间对焊。

（2）钢及合金重熔用自耗电极的制造。

钢与合金的自耗电极一般采用感应炉、电弧炉，有时也采用电渣炉熔炼。将熔炼的钢水直接铸成电极或钢锭。对于首先铸成钢锭的，则在经锻造或轧制成所需要尺寸的电极，然后扒皮处理，供真空自耗炉重熔使用。

对高质量要求的高温合金和耐热钢而言，一般认为采用真空感应熔炼为好。因为这种熔炼可以保证高 Al、Ti 不致烧损，成分准确。

（3）电极尺寸的确定：①保证足够的安全间隙尺寸；②保证脱气间隙尺寸要大；③保证表面质量；④保证高效率和低电耗；⑤保证工艺操作方便性。

根据国内外有关报道，最小的电极直径尺寸不小于锭直径的 1/3，而在熔炼与铸锭最好间隙尺寸为 30～50 mm。苏联在小炉子上重熔不锈钢获得的经验是电极断面积（F）和锭（F_{NN}）的比值在 0.3～0.5 为佳。有人作出了最小安全间隙尺寸与锭直径的关系曲线，并得到 D_K 在 200～1000 mm 之间的值为 25～50 mm之间。

（4）相关的计算公式。

安全间隙 δ_K：

$$\delta_K = 0.0175D_K + 18.25 \tag{4-18}$$

电极直径 D_E：

$$D_E = D_K - 2\delta_K \tag{4-19}$$

式中，D_K——结晶器直径，mm。

2. 炉内电极焊接工艺

炉内电极焊接包括把带卡头的假电极与自耗电极的对焊和在炉内把多段短电极逐段对焊成足够长度的自耗电极两种情况。

炉内电极焊接工艺过程首先是把带卡头的假电极装到电极把持器上，同时把自耗电极置于结晶器中定位，并在电极上端表面撒上一层（1～2 mm）与电极材质相同的粗车屑。然后封闭炉体，开动真空机组抽真空至 1～10 mmHg 以后，下降假电极，使假电极与自耗电极上端表面接触。当接触后，把假电极提升数毫米，再合上主电源，并把假电极下降起弧。

根据焊接程序和工艺参数通电一段时间后，切断电源，同时下降假电极并将其压进电极上端表面上在通电时所形成的焊接熔池，静止冷却数分钟。待焊缝部分自然冷却后，可向炉内通入大气，破坏真空状态，下降结晶器（或升起炉体），检查焊缝质量。如果焊缝处有外溢的钢瘤，则应除掉，使电极表面上不附有任何突出物以防止产生边弧。

最后是把电极定位的楔块取掉，并轻轻提起，然后提升结晶器（或下降炉体）进行封炉、抽空，以便重熔。

3. 熔炼过程中放气和真空度的确定

1）真空电弧炉熔炼过程中的放气情况

熔炼过程的放气情况是指放气速度、速度变化、气体的成分、温度及放气量。放出气体的过程是比较复杂的。放气过程是从固体金属电极放气（占总放气量的25%～50%）开始到电极熔端部分附近得到较大发展，并一直延续到熔池金属结晶成锭为止。

真空电弧熔炼过程中，气体自熔区放出先要经过环形间隙尺寸进入熔室的状况，取决于环形间隙尺寸与真空机组的抽气能力。如果真空系统不能将放出的气体及时地全部抽出，则一方面炉内压强增高，另一方面部分剩余气体将被熔区和锭子上部的锭冠吸收，会发生金属再次被沾污的情况。

在大气中熔炼的特殊钢自耗电极，一般气体含量为

H_2——8×10^{-6}；

O_2——30×10^{-6}；

N_2——100×10^{-6}。

通过一次电弧重熔后，锭中气体含量一般为

H_2——1×10^{-6}；

O_2——10×10^{-6}；

N_2——20×10^{-6}。

因此，在重熔过程中放出的气体量为

H_2——7×10^{-6}；

O_2——20×10^{-6}；

N_2——80×10^{-6}；

合计——107×10^{-6}。折算成在 1 atm 下，每吨钢放出的气体量为 156 kg。

2）真空度的确定

目前真空度基本趋于定值，为 0.665～1.33 Pa。实际生产中真空度在 0.0665～1.33 Pa 之间波动。一般对于气体含量大的金属选用 0.0665～0.133 Pa，而一般的特殊钢通常选择 0.133～6.65 Pa。

4. 电弧电压的确定

真空电弧重熔电弧电压 U_{arc} 可以由式（4-20）计算。

$$U_{arc} = \alpha + \delta L_{arc} \qquad (4\text{-}20)$$

式中，$\alpha = U_K + U_a = 19\ V$；$\delta = 0.4 \sim 0.7\ V \cdot cm^{-1}$；$L_{arc} = 2.5 \sim 3.0\ cm$。由此，可以确定电弧电压 $U_{arc} = 20 \sim 22\ V$。

真空电弧炉炉子电压 U_n 可以由式（4-21）计算。

$$U_n = \Delta U_n + U_{arc} \tag{4-21}$$

式中，$U_n = 22 \sim 27\ V$。

5. 重熔电流的确定

真空电弧重熔的重熔电流 I_n 大小可以由式（4-22）计算确定。

$$I_n = （17 \sim 25）D_K \tag{4-22}$$

式中，D_K——结晶器直径，mm。

4.6　VAR 铸锭的质量问题

4.6.1　VAR 铸锭成分变化及其成分的均匀性问题

实践证明，经真空电弧熔炼（vacuum arc remelting，VAR）后只有其蒸气压（或挥发系数）大的元素，经挥发而减少。例如，在冶炼 GCr15 时，经 VAR 熔炼后的钢锭中，只有元素 Cr 和 C 无明显变化；Mn 和 Si，尤其是 Mn 挥发损失较大，而 Mn 的损失与工艺制度（电流）、结晶条件、自耗电极中的[Mn]含量有关。一般而言，Mn 的挥发损失在 10%～30% 范围内，对于 GCr15 而言，Mn 的损失可达 20%～25%，所以用 VAR 法冶炼含 Mn、Si 高钢或合金时比较困难。

在 VAR 冶炼不锈钢、高速钢和 Ni 基合金时，其中[Mn]变化不明显。

几种典型钢经 VAR 熔炼后，其化学成分的变化如表 4-11 所示。

表 4-11　VAR 熔炼前（A）和熔炼后（C）其成分的变化（%）

钢种	状态	C	Si	Mn	P	S	Cu	Ni	Cr	Mo	Nb	Al
GCr15	A	1.02	0.31	0.48	0.014	0.009	0.11	0.05	1.48	—	—	—
	C	1.02	0.30	0.38	0.012	0.008	0.10	0.05	1.46	—	—	—
1G18Ni11Nb	A	0.022	0.11	1.66	0.011	0.010	0.05	10.61	17.39	—	0.90	—
	C	0.022	0.11	1.13	0.011	0.009	0.04	10.48	17.71	—	0.89	—
AISI340	A	0.06	0.34	1.23	0.025	0.009	—	8.63	17.85	0.10	—	—
	C	0.04	0.35	1.09	0.025	0.009	—	8.62	17.79	0.11	—	—

钢种	状态	C	Si	Mn	P	S	Cu	Ni	Cr	Mo	Nb	Al
17-7PH	A	0.061	0.48	1.27	0.013	0.016	—	7.08	16.7	—	—	1.19
	C	0.062	0.48	0.85	0.014	0.014	—	7.12	16.6			1.20
1Cr13	A	0.126	0.22	0.61	0.015	0.015	—	—	12.72	—	—	—
	C	0.119	0.22	0.38	0.014	0.014	—	—	12.77			

从表 4-11 可以看出，对 GCr15 而言，元素 C、Cr、Si、P、S 在铸锭中轴和径向的分布都是均匀的；易挥发元素 Mn 等由于真空挥发而损失，使 VAR 熔炼后 [Mn] 下降。影响挥发量的因素有：①熔化速度越慢，熔池维持时间长，挥发量就越大；②结晶器中凝固速度慢，则挥发损失大；③真空度越高，挥发量越大。

4.6.2　VAR 铸锭有害有色金属杂质的去除

通常可挥发去除的有害有色杂质有 Pb 和 Sn 等，例如，在真空电弧重熔真空度 $p_r = 0.532\ Pa$ 时，经过 VAR 重熔后，[Pb] 可由 0.186% 下降至 0.07%；同样在 $p_r = 0.532\ Pa$ 的条件下，经 VAR 重熔后，[Sn] 可由 0.026% 下降至 0.017%。

另外，关于高温合金经 VAR 后，有色金属杂质的去除情况尚未见报道。

4.6.3　VAR 脱气的效果

VAR 后去除气体的文献报道很多，表 4-12 列出部分钢种经不同熔炼方法 [O]、[N] 和 [H] 的变化情况。

表 4-12　不同钢中不同熔炼方法气体含量的变化情况

钢种	熔炼方法和条件	[O]/$\times 10^{-6}$	[N]/$\times 10^{-6}$	[H]/$\times 10^{-6}$
A-286	A（大气下熔炼）	13.0	300	13.1
	B（VAR）	5.0	20	2.8
	C（真空感应炉）	3.0	50	2.3
WaSPaloy	A	3.1	420	17.7
	B	2	120	2.2
	C	12	120	2.5
M-252	A	15	160	16.0
	B	6	40	1.7
	C	5	30	1.5

续表

钢种	熔炼方法和条件	[O]/×10⁻⁶	[N]/×10⁻⁶	[H]/×10⁻⁶
GCr15	A	20	88	—
	B	9	52	—
	C	14	40	—
Cr12 钢	A	40	430	—
	B	16	135	—
	C	22	78	—
Nimonic	A	26	132	—
	B	15	20	—
	C	30	34	—

从表 4-12 可得到以下几点结论。

1）脱氧效果

VAR 熔炼脱氧效果非常好，其途径有三条：①夹杂物（气化物）上浮；②[C] + [O] ══ CO（g）反应脱氧；③第三种脱氧途径可能是金属低价氧化物的挥发。

其实 VAR 用的自耗电极中[O]极低，而化合态的氧可能是脱氧产物，其脱氧过程就是夹杂物上浮的结果，这种脱氧占脱除氧量的 50%以上，还有一部分可能是[C]还原氧化物而实现脱氧。

某些钢种经 VAR 熔炼脱氧结果如表 4-13 所示。

表 4-13   VAR 熔炼过程脱氧情况

合金或钢种	碳含量/%	氧含量/×10⁻⁶		脱氧率/%
		重熔前	重熔后	
ШХ15	1.0	40	19	52
ЭИ906	0.9～1.0	70	35	50
ЭИ907	0.9～1.0	57	22	62
ЭИ944	0.7	40	22	45
ЭИ347	0.75	44	18	59
1X13	0.13	69	20	71
1X18H9T	0.10	52	19	77
1X18H9T	0.10	70	20	72
0X18H9	0.020～0.07	140	52	64
Ni 基高温合金	0.85	50	20	60
WaSPaTaY	—	31	2	94
M-252	—	15	6	60
A-286	—	13	5	62

2）脱氮效果

钢中 N 存在形式有两种，分别为溶解态[N]和化合物。只有母材中氮含量高时（大于 100×10^{-6}），才能从熔体中脱除。VAR 熔炼 GCr15 其脱氮率为 50%～60%。熔池脱氮机理有两种可能：一种是以自由状态[N]自熔体中挥发，另一种可能是氮化物上浮至熔体表面后再挥发脱除。其中，以氮化物上浮脱除为主，而前者脱氮较困难。典型钢种经 VAR 熔炼后的脱氮情况如表 4-14 所示。

表 4-14　VAR 熔炼的脱氮效果

钢种	电极中氮含量/$\times10^{-6}$	铸锭中氮含量/$\times10^{-6}$	脱氮率/%
GCr15	170	80	53
GCr18	100	100	0
ЭИ906	300	180	40
ЭИ347	230	110	52
Ni 基高温合金	200	140	30
M-252	160	40	95
A-286	300	20	93

3）脱氢效果

VAR 熔炼脱氢效果最强，其原因是 H_2 以溶解态[H]存在于熔体中，其原子半径极小。例如，在用 VAR 熔炼高温合金时，脱氢率可达 88%；重熔 M-252 时，脱氢率可达 89%；重熔 A-286 时，脱氢率可达 79%；重熔不锈钢时脱氢率可达 80%。

总之，经 VAR 熔炼的各种金属或合金时，其脱氢率均很高，一般可达 70%以上。

在脱氢过程中要保证金属熔池的沸腾，这种沸腾又可促进夹杂物的上浮而去除。

4）脱硫效果

（1）经 VAR 熔炼后锭中硫含量总是要降低 15%～25%，去除机理主要以挥发形式去除。同时还发现，低硫钢去硫效果差，而高碳钢则去硫效果好。这是因为碳影响硫的活度系数 f_S 值，而随着钢中碳质量分数的提高，f_S 增大，从而导致硫的活度 a_S 增大，有利于脱硫反应的进行。

（2）当重熔真空度 $p_r=0.04$ Pa 时，可使 GCr15 钢中硫质量分数由 0.015%降至 0.011%。

（3）在氩气气氛下，根本不脱硫。

（4）当真空度提高到 0.0133～0.133 Pa 时，其脱硫率 η_S 可达 25%。

（5）VAR 法的脱硫能力远比 ESR 差。

（6）VAR 法生产低硫钢是十分困难的，应采用 ESR 为好。

5）VAR 熔炼过程去除夹杂物的效果

（1）VAR 熔炼过程中有一定的去除夹杂物能力，其机理是夹杂物的上浮作用而去除，其中氧化物夹杂物的去除较多，而硫化物和氮化物去除量很少。其原因是复合的氧化物夹杂熔点低，呈球状，更重要的是尺寸大，上浮力也大。

（2）经 VAR 后锭中夹杂物分布较均匀，不会产生偏析缺陷。

表 4-15 给出了几种钢锭经 VAR 熔炼（前/后）非金属夹杂物的评级。

表 4-15　VAR 熔炼（前/后）非金属夹杂物的评级

钢种	氧化物	硫化物	硅化物	球状
ЭИ906	4.2/1.0	1.0/1.0	6.2/1.0	1.0/1.0
ЭИ907	7.8/1.0	1.0/1.0	4.9/1.0	2.6/1.0
ЭИ908	1.5/1.0	1.0/1.0	3.5/1.0	1.0/1.0
ЭИ944	5.4/1.0	1.0/1.0	3.4/1.0	1.0/1.0
ЭИ347	3.3/1.0	1.0/1.0	4.1/1.0	1.0/1.0
0Cr18Ni9	2.12/0.58	0.54/0.50	0.6/0.54	1.40/0.67
1Cr18Ni9	2.63/0.58	0.5/0.5	1.79/0.5	0.5/0.5
GCr15	3.5/0.15	1.0/0.5	1.0/0.5	1.0/0.5
GCr18	4.0/0.5	0.5/0.5	0.5/0.5	2.0/0.5

4.6.4　VAR 熔炼锭的表面质量问题

（1）当钢锭表面质量不好时，必须经扒皮处理。这是由于在结晶的内壁将形成所谓的锭冠，其金属熔体是在锭冠上开始凝固结晶成钢锭。由于锭冠是多孔不致密的附着物，这种锭冠是在 VAR 熔炼过程中产生的大量可挥发的杂物在结晶器内壁冷处凝结而成。如果金属熔体在锭冠表面上凝固成锭时，其锭表面质量肯定不好，如果锭冠熔化又返回到金属熔池中，此时凝固成钢锭表面是光亮平整的，但锭的纯净度将大大下降。

（2）引起钢锭表面质量不好的另一个原因是熔池金属喷溅引起的结晶器内表面不平，从而引起锭的表面质量不好。解决方法是将自耗电极用 Al 强制脱氧，从而可解决熔池金属喷溅问题，可解决其锭表面质量不好的缺陷。

4.6.5　VAR 铸锭的宏观组织

VAR 铸锭的宏观组织与 ESR 锭一样。锭自上而下有明显轴向柱状晶组织，而柱状晶的取向又取决于金属熔池形状和深度；当电流越大，熔化速度越快，则熔池越深，其柱状晶取向偏离轴向，锭的结晶质量就越差，反之，越呈轴向长大，锭的质量越高。

从柱状晶的宏观组织看，VAR 法生产的锭中不会产生缩孔、疏松、裂纹、偏析等宏观缺陷。

如果工艺参数选择不当，将产生"年轮"或层状偏析缺陷。

4.7　VAR 熔炼工艺、装置的发展方向

VAR 熔炼的工艺、装置的发展方向主要体现在以下几个方面。

（1）增大 VAR 炉容量，提高单炉产量。

（2）提高生产效率：可采用旋转炉体法、转换炉体法、移动炉体法及旋转坩埚法，提高生产速度。

（3）真空感应炉与 VAR 炉结合的双真空工艺，进一步优化 VAR 熔炼产品质量，可生产成分均匀的超强钢。

（4）VAR 熔炼与 ESR 熔炼结合工艺，进一步降低夹杂物，提高材料的纯度。

（5）采用调节 VAR 炉内压力的熔炼方法，可有效实现控制易挥发组元（如 Mn）的质量分数。

（6）开发 VAR 熔炼全程自动化检测和计算机控制，如自耗电极位置的监测和调节、冶炼电流自动调节和控制。

（7）VAR 炉设备的革新：如双体炉、三电极的 VAR 炉。

（8）大电流搅拌线圈的合理应用。

（9）VAR 熔炼活性金属如 Ti 防爆系统。

（10）进一步实现凝固过程的有效控制。

4.8　VAR 熔炼的安全问题

1953～1956 年，英国和美国共发生了五起 VAR 炉爆炸事故。经大量的研究认为，这些事故是可控的。若有合适的冶炼工艺和炉体装有防爆系统，基本上可防止 VAR 炉熔炼的爆炸问题。

VAR 炉熔炼爆炸问题的实质是结晶器的烧穿所致。由于真空度过低（炉内压强＞13300 Pa）会产生辉光放电和电弧过长而形成边弧，使其电弧能量集中于结晶器内壁上而造成烧穿。结晶器被烧穿后冷却水发生蒸汽化，而发生"蒸汽爆炸"，当压力大于 $5\,kg \cdot cm^{-2}$ 时，炉体将爆炸。

　　结晶器烧穿后还可能发生"金属爆炸"事故，即高压水蒸气将金属熔体喷溅到炉壁上使其熔化而爆炸。

　　第三种爆炸称为"氢爆"，如果结晶器烧穿后，喷出的水蒸气与熔炼的活泼元素 Ti、Zr 等相遇，可能发生如下反应：

$$H_2O(g) + Ti \Longrightarrow TiO + H_2(g)$$

产生的 $H_2(g)$ 与一定比例的氧混合后会发生"氢爆"事故。

　　综上所述，防止 VAR 炉爆炸的核心工作是如何防止水冷结晶器的烧穿，其主要措施如下。

　　（1）电弧长度要小于电极与结晶器间隙，同时还要能自动控制和及时消除产生边弧和发生辉光。

　　（2）正常熔炼时炉内压强<133 Pa，防止产生边弧和辉光放电。

　　（3）真空系统应具有很强的抽气能力，防止"蒸汽爆炸"和"氢爆"。因此，要采用抽气速率大的罗茨泵（即加压泵）。

　　（4）在炉体上安装自动开启的防爆门，还要防止空气进入而引起的"氢爆"和"蒸汽爆炸"。

　　（5）美国在约 6666 Pa 下工作的 VAR 炉，为防止结晶器烧穿引起"蒸汽爆炸"，采用 Na 和 Ca 液体混合物，或 Na 和 K 混合物的液态金属作冷却剂，代替水冷，其缺点是成本太高。

　　（6）采用双层水冷炉壁可解决"金属爆炸"问题。

第5章　VD/VAD/VOD 炉的设备和精炼工艺

5.1　VD 法——真空吹氩脱气法

真空吹氩脱气法（vacuum degassing，VD）是美国芬克尔（Finkl）公司于 1958 年首先提出来的，所以也称芬克尔法，一般简称 VD 法。它是向放置在真空室内的钢包内的钢液吹氩精炼的一种方法。

5.1.1　VD 法的特点

VD 法是将钢包吹氩与真空脱气相结合，形成一种钢包处理法，在 13～266 Pa 真空下精炼，具有很好的去气和脱氧效果。主要生产低气含量钢，如轴承钢、重轨钢等。

VD 法的主要设备有钢包炉体、真空罐、可升降移动的真空盖及执行机构、真空泵及抽气系统、合金加料系统等，如图 5-1 所示。

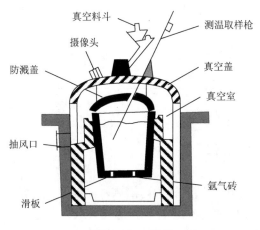

图 5-1　VD 装置

为了防止真空处理过程中钢液强烈的沸腾而损坏设备，要求钢包渣面以上至少保留 600 mm 的自由空间。包底装有透气元件或透气砖，真空盖上装有加料设备，可以在真空状态下添加合金料。实现真空有两种形式：①真空罐式。钢包坐入真空室内，盖上真空盖，然后抽真空。②桶式密封结构。将连接真空系统的包盖盖在带凸臂的钢包上代替真空室。多数采用的是真空罐式密封结构。

真空处理时，钢包置于真空罐内，接通氩气，盖上真空盖抽真空。处理钢液的最终真空度为 67 Pa，处理时间为 15～25 min，可使氢的含量达 1.5×10^{-6} 以下。而且在该真空下，仅通过溶解的氧与碳反应生成 CO，就可以使碳质量分数由 0.04% 降低至平衡时的 0.005%。此外还具有脱硫、成分微调、均匀成分和温度的功能。表 5-1 列出了不同大小的 VD 真空处理装置主要技术参数。

表 5-1　VD 真空处理装置主要技术参数

项目	40 t VD	60 t VD	90 t VD	100 t VD
钢包容量	35～45	55～65	80～100	80～120
真空室直径/mm	4800	5300	5800	6300
真空室高度/mm	5000	5400	6500	7000
真空室盖直径/mm	4800	5300	5800	6300
吹氩装置：				
压强/Pa	6×10^5	6×10^5	6×10^5	6×10^5
流量/(L·min^{-1})	0～160	0～300	0～500	0～500
抽气能力/(kg·h^{-1})	250	300	300	350
工作真空度/Pa	67	67	67	67
极限真空度/Pa	—	—	13.3	13.3
抽空时间/min	5	5	5	5
处理周期/min	40～60	40～60	40～60	40～60

5.1.2　VD 法的工艺过程

需要处理的钢液在电弧炉或转炉内冶炼。需要注意的是，VD 法一般很少单独使用，通常与具有加热功能的 LF 等精炼设备双联。进入 VD 精炼工序的钢水一般脱氧完全，表面覆盖流动性良好的还原渣。将钢包坐入真空室内，接通吹氩管吹氩搅拌，测温取样，再盖上真空盖，启动真空泵，10～15 min 后可达到工作真空度（13.33～133.3 Pa），在工作真空度下保持 10～20 min，以达到去气、去夹杂、均匀成分和温度的作用，整个真空处理时间大约为 30 min，吹氩搅拌要贯穿全程。

5.1.3　工艺参数

（1）氩气压强。为了将氩气吹入钢液内并搅拌钢液运动，氩气应具有一定的压强，最小压强 $p_{\min}$ 应满足如下关系。

$$p_{\min} = p_{\mathrm{a}} + p_{钢} + p_{渣} + \frac{2\sigma}{r} + h_{损} \qquad (5\text{-}1)$$

式中，p_{a}——钢液面上的气相压强，Pa；

　　　$p_{钢}$——钢液的静压强（$p_{钢} = \rho g H$），Pa；

　　　$p_{渣}$——渣层的静压强，Pa；

　　　$\dfrac{2\sigma}{r}$——气泡形成克服表面能的压强损失，Pa；

　　　$h_{损}$——系统内的压强损失，Pa。

压强过小无法形成气泡，而压强过大，会使气泡分散性下降，严重时形成连泡气柱，使得氩气利用率下降，同时剧烈搅拌会增加热损失。实际操作时，供气压强根据液面运动情况进行调节。最佳压强应是刚好使氩气泡在钢液底部形成，排出的气体不冲击渣层而使液面上、下脉动。生产中常用压强为 200～350 kPa。

（2）吹氩时间：从钢包坐入真空室开始吹氩直至精炼结束钢包吊出真空室停止吹氩，吹氩贯穿整个真空处理过程，等于整个真空处理时间，约为 30 min。

5.1.4　VD 炉冶炼工艺

1. VD 炉的精炼工艺过程

钢液在精炼炉完成造渣、成分和温度的调整后，将钢包运送到 VD 炉，坐落在真空罐内的钢包支承座上，同时，接通钢包底吹氢气，测温和取样后，将真空罐盖移至真空罐上方，并下降扣在真空罐体上口的法兰面上。然后，启动蒸气喷射泵。随着蒸气喷射泵级数的增加，一边调节真空度，一边控制供氩强度，在真空度达到 67 Pa 时，调节好供氩强度，并保持 67 Pa 条件下 10～25 min。在真空状态下，加入冶炼需要的合金料。完成真空精炼后，采用氮气破真空，在真空度达到大气压强后，上升真空罐盖并移开，在调节好供氩强度后，进行测温和取样，根据测温和取样的结果，对钢液进行成分和温度的微调，在盖处理或净化处理后，吊送进行浇注。

VD 处理工艺所要实现的功能有：①有效的脱气减少钢中 H、N 气体量；②脱氧，通过 C 与 O 反应生成 CO 去除钢中的 O；③通过碱性顶渣与钢水的充分反应脱 S；④通过合金微调及吹氩控制钢液的化学成分和温度；⑤通过吹氩及 CO、H_2 气泡使夹杂物聚集并上浮。

因此 VD 炉的功能是去除气体、脱氧、脱硫和夹杂物，调整钢水温度和成分，调节生产。

2. VD 炉终点参数

VD 炉冶炼的终点参数主要包括两大类：一类是钢水的温度。钢液的浇注温度是铸造的基本参数之一，浇注温度对钢质量影响较大。影响浇注温度的关键因素就是 VD 炉冶炼的终点温度。因此，它是决定钢质量的重要终点参数。另一类是钢水的成分。钢水成分是衡量钢质量的重要因素之一，根据钢种的不同，它的要求也有所不同。一般来讲，在 VD 炉冶炼过程中，钢水成分主要包括碳、磷、硫及合金元素，还有氮、氢、氧等气体元素。碳、磷、硫、氧这几种元素的质量分数调整主要是在精炼炉中完成的，VD 炉冶炼的一个重要的目的就是去除钢液中的气体。因此，氮和氢质量分数属于 VD 炉冶炼的重要终点参数之一。

综上所述，VD 炉冶炼的终点参数中钢水的温度和钢水中氮、氢元素的质量分数是比较关键的终点参数。

5.1.5　VD 开盖钢水温度预报

1. VD 开盖钢水温度预报的意义和作用

VD 炉冶炼存在无外加热源和真空冶炼两大困难。在精炼过程中，由于无加热措施，所以钢液不可避免地要逐渐冷却。钢液的浇注温度是铸造的基本参数之一，浇注温度对钢质量影响较大。而在真空冶炼的条件下，测温和取样存在操作上的困难，这就直接影响了冶炼的顺利进行。

合理地选择浇注时钢液温度对实际生产来说，有着非常重要的意义。浇注温度不合理会带来以下危害：①浇注温度偏低会使模内产生凝壳，导致钢锭翻皮缺陷；钢水黏，夹杂物不能上浮而形成局部聚集；水口冻结，浇注中断。②浇注温度偏高会使耐火材料严重冲蚀，钢中夹杂物增多；损失增加；二次氧化加剧；钢锭裂纹增加，轴向疏松偏析加重。

如何合理控制钢液温度是值得研究的。影响钢液温度的因素多而复杂，主要有钢包的容量（即钢液量）、钢液面上熔渣覆盖的情况、添加材料的种类和数量、搅拌的方法和强度、钢包的结构（包壁的导热性能、钢包是否有盖）、使用前的烘烤制度及具体的操作工艺等。国内外学者对此做了大量的研究工作，但是一直没有实现温度的精确控制。目前，国内大部分企业为了保证 VD 炉产出的钢锭质量，大多采用高温出钢法。这不仅易造成溢钢等事故，而且会增加炼钢炉的热负荷、降低炉龄、增加冶炼成本和环境危害，是极不合理的。因此，研究如何建立合理的温度制度、精确控制钢液温度，有着重要的生产意义。

从电炉、精炼炉、VD 炉到浇铸这一生产环节中合理控制钢水温度对于保证短流程生产线的顺利生产和浇铸出的钢锭质量十分重要。在这一生产过程中，对电弧炉出钢温度的要求范围相对较宽，且精炼炉有调温功能，但在 VD 炉处理期间由于没有加热手段，只是一个降温过程，并且其终点温度直接影响浇铸，因此对 VD 过程钢水的温度变化进行精确预报和控制显得尤其重要。VD 炉终点钢水温度过高不仅造成能源浪费，而且对浇铸操作和质量不利。温度过低，要重新回到 LF 加热工位，使得整个生产节奏被打乱，破坏了生产的顺行；若不加热强行浇铸会影响浇铸生产顺利和铸钢质量，严重时会造成生产事故。

综上所述，通过了解和掌握 VD 炉处理过程中钢液温度的变化规律，建立 VD 炉开盖后钢液温度的预报模型。通过模型预报出钢水温度，然后反推至具有调温功能的精炼炉，对精炼炉冶炼过程提出要求，实现对 VD 炉终点温度的精确控制，以保证浇铸温度处于最佳的目标值范围，达到降低冶炼成本、缩短冶炼时间、提高冶炼效率、提高能源利用率的目的。

2. 影响 VD 炉开盖钢水温度的因素

影响 VD 炉开盖钢水温度的因素众多，现主要归纳为三类：钢包状态、LF 处理过程及 VD 处理过程。

1）钢包状态

钢包状态主要包括钢包耐火内衬的薄厚及钢包的当前热状态。钢包耐火内衬的薄厚取决于钢包大、小修后的使用时间。在实际生产中，现场计算机系统并不记录钢包大、小修时间，考虑到该数据在线采集的难度很大，在程序中，将钢包耐火内衬薄厚视作不变。

钢包当前的热状态主要反映在钢水与钢包的热交换是否充分，其本身很难用数学方法进行描述。经分析，选择钢包本炉被钢水浸泡时间、钢包上炉被钢水浸泡时间、钢包冷却时间、钢包上炉冷却时间这四个变量反映钢包热状态。

2）LF 处理过程

LF 处理过程中影响因素多而复杂，尤其是供电过程，不能简单地用供电时间、耗电量、出钢量等指标来衡量其对终点温度的影响，要从电炉至连铸整个过程的温度变化来看，可以将 LF 炉看作是一个保持温度的冶炼过程。可以将 LF 处理过程简化，仅作为钢包本炉被钢水浸泡时间来处理。

3）VD 处理过程

VD 处理过程中，没有额外热源，是一个单一的降温过程，可以选择钢包到达 VD 工位后对钢水的第一次测温作为钢水温度初始参考值。不同处理过程，钢水温降不同，所以在 VD 过程中，确定影响目标温度的因素如下：VD 第一次测温到 VD 开始高真空时间、VD 高真空保持时间、VD 破真空到测温时间。

4）其他影响因素

其他影响终点钢水温度的因素有出钢量、VD 过程吹氩量、VD 罐的上次使用时间及冷却时间等。

VD 开盖温度预报模型就是综合所有的影响因素，建立输入、输出参数，从而建立预报模型。

5.1.6　VD 真空处理的精炼效果

1. VD 处理脱氢效果

1）钢中碳质量分数对 VD 真空处理脱氢率的影响

表 5-2 按钢中碳质量分数的不同给出了典型钢种在 100 t 钢包脱气前后的氢质量分数的统计。

表 5-2　典型钢种 100 t 钢包脱气前后的氢质量分数

分类	钢种	炉次	真空前氢质量分数/%	真空后氢质量分数/%	脱氢率/%
高碳类	GCr15	28	波动：4.2～8.8 平均：7.3	波动：0.7～3.7 平均：2.04	波动：53.8～91.7 平均：71.3
	65Mn	10			
	60Si2CrA	6			
	T8A	5			
中碳类	45	20	波动：4.1～9.3 平均：6.93	波动：0.5～4.9 平均：3.03	波动：4.0～91.7 平均：52.7
	40Cr	15			
	CK45	8			
	28MnCr5	2			
	42MnMo7	20			
低碳类	12Cr1MoV	10	波动：5.9～7.9 平均：6.93	波动：1.0～4.4 平均：3.23	波动：34.3～58.3 平均：44.4
	20	15			
	15CrMo	8			

从表 5-2 的统计数据可以看出，随着钢中碳质量分数的提高，VD 真空处理的脱氢率明显提高。因此，提高钢水中的碳质量分数，有助于提高 VD 真空处理的脱氢效果。

2）处理时间对真空脱氢率的影响

表 5-3 是实际生产中 VD 真空处理时间对脱氢率的统计分析结果。显然，增加 VD 真空处理，可以提高钢水脱氢率。

表 5-3　处理时间对 VD 脱氢率的影响

高真空（67 Pa）时间/min	炉数	真空脱氢率范围/%	真空脱氢率平均值/%
≤10	10	12.2～27.3	19.75
11～15	15	4.0～88.6	49.01
18～25	23	47.2～91.7	78.32

3）真空吹气压强对脱氢率的影响

表 5-4 是真空吹气压强对 VD 处理脱氢率的影响统计结果，可见适当增大吹气压强，可以提高真空脱氢率。

表 5-4　真空吹气压强对 VD 脱氢率的影响

吹氩压强/MPa	炉数	真空脱氢率范围/%	真空脱氢率平均值/%
0.05～0.08	10	4.0～82.1	50.42
0.1～0.15	15	47.2～84.8	68.18
≥0.16	23	53.8～91.7	78.32

2. VD 处理脱氮效果

表 5-5 是实际生产中 VD 真空处理脱氮效果的统计结果。从表 5-5 的统计数据可以看出，各个钢种的脱氮效果都不好，这说明 VD 真空处理对钢水脱氮能力较差。要想提高脱氮效果，只能适当地延长真空处理时间。

表 5-5　VD 真空处理脱氮效果

钢种	炉数	真空后的氮质量分数/%	真空脱氮率/%	67 Pa 下保持时间/min
GCr15	20	69～124	11.4～38.9	20
45	20	54～83	9.3～29.1	15
42MnMo7	10	62～74	9.3～18.2	15
20	30	48～87	7.1～13.0	10
12Cr1MoV	10	85～98	5.3～7.6	10

3. VD 处理脱硫效果

VD 真空处理具备良好的脱硫效果，如表 5-6 所示。

表 5-6　VD 真空处理脱硫效果

钢种	炉数	真空前硫质量分数/%	真空脱硫率/%	真空后硫质量分数/%
GCr15	45	0.004～0.015	22～41	0.002～0.010
45	20	0.013～0.020	32～44	0.005～0.010
42MnMo7	10	0.017～0.031	22～52	0.005～0.011
20	40	0.016～0.020	29～55	0.008～0.018
12Cr1MoV	10	0.016～0.033	27～62	0.010～0.019

从表 5-6 可以看出，各钢种经过 VD 真空处理后，钢水中的硫质量分数都有明显的降低，VD 真空处理良好的脱硫能力归功于真空下吹氩强搅拌提供的渣金充分接触反应条件。

表 5-7 是不同的 VD 真空处理时间和吹氩强度对真空脱硫率的影响统计结果。

表 5-7　真空时间和真空吹氩强度对真空脱硫率的影响

项目	67 Pa 高真空时间/min			真空吹氩强度/MPa		
	≤10	11～15	18～25	0.05～0.08	0.10～0.15	≥0.16
真空脱硫率/%	22～47 平均：32	24～47 平均：38	22～52 平均：34	29～52 平均：44	22～48 平均：34	24～52 平均：36

从表 5-7 可以看出，在真空度为 67 Pa 下，处理时间为 11～15 min，真空吹氩强度在 0.05～0.08 MPa 时，VD 真空处理的脱硫率达到最高。比较不同的真空处理时间和吹氩强度下脱硫率差别并不大，这说明 VD 真空处理动力学条件良好，真空处理时间的延长和吹氩强度提升对脱硫率的影响不明显。

以上的分析说明：在真空条件下脱硫效果是良好的。这种良好的脱硫作用基于以下两方面因素：①精炼过程的热力学条件变化；②动力学条件的改善。

在 LF 状态下，钢中氧受酸溶铝 Al_S 控制，但在 VD 状态下，钢中的氧主要受钢中碳控制：

$$(CaO) + [S] = (CaS) + [O]$$
$$[C] + [O] = CO$$

$$(CaO) + [S] + [C] \Longrightarrow (CaS) + CO$$

在真空状态下的 CO 分压将明显降低，反应向脱硫方向进行，而且 CO 气体被抽走后，逆反应将大大减少，其脱硫过程将会加速。

5.2　VAD 法精炼设备和工艺

5.2.1　VAD 法简介

钢包电弧加热脱气法（vacuum arc degassing，VAD），是由美国 FINKL-SONS 公司于 1967 年与摩尔公司（Mohr）共同研究发明的。VAD 法也称为 Finkl-VAD 法，或 Finkl-Mohr 法，西德（西德是 1949 年 5 月至 1990 年 10 月之间的德意志联邦共和国的俗称）又称为 VHD（vacuum heating degassing）法。

这种方法加热在低真空下进行，在钢包底部吹氩搅拌，主要设备如图 5-2 所示，加热钢包内的压强控制在 0.2×10^5 Pa 左右，因而保持了良好的还原性气氛，使精炼炉在加热过程中可以达到一定的脱气目的。但是 VAD 的这个优点使得其炉盖的密封很困难，投资费用高，再加上结构较复杂，钢包寿命短。VAD 炉盖的密封很困难，因此自发明以来，尤其是近十几年来，几乎没有得到什么发展。

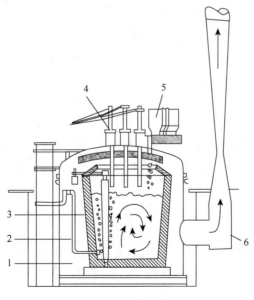

图 5-2　VAD 设备示意图

1. 真空室；2. 底吹氩系统；3. 钢包；4. 电弧加热系统；5. 合金加料系统；6. 抽真空装置

1）VAD 法的优点

（1）在真空下加热，形成良好的还原性气氛，防止钢水在加热过程中的氧化，并在加热过程中达到一定的脱气效果。

（2）精炼炉完全密封，加热过程中噪声较小，加热过程中几乎无烟尘。

（3）可以在一个工位达到多种精炼目的，如脱氧、脱硫、脱氢。甚至在合理的造渣条件下，可以达到很好的脱磷目的。

（4）有良好的搅拌条件，可以进行精炼炉内合金化，使炉内的成分很快地均匀。

（5）可以完成初炼炉的一些精炼任务，协调初炼炉与连铸工序。

（6）可以在真空条件下进行成分微调。

（7）可以进行深度精炼，生产纯净钢。

2）VAD 的缺点

VAD 的优点是显而易见的，就是电极处的密封是难以解决的问题。这个致命的缺点使得 VAD 法不能得到很快的发展。或许将来电极密封问题获得解决，VAD 法会得到快速的发展。但是就目前的情况来看，VAD 不是发展的主流。

5.2.2　VAD 法的主要设备与精炼功能

1. VAD 法的主要设备和布置

VAD 精炼设备主要包括真空系统、精炼钢包、加热系统、加料系统、吹氩搅拌系统、检测与控制系统、冷却水系统、压缩空气系统、动力蒸气系统等。

VAD 精炼炉可以与电弧炉、转炉双联，设备布置与初炼炉在同一厂房跨内，也可以布置在浇注跨。精炼设备布置有深井和台车两种形式。抚顺特殊钢股份有限公司的 VOD/VAD 精炼炉与初炼炉在同一厂房跨内，采用深井式布置，如图 5-3 所示。

为了满足特殊钢多品种精炼需要，VAD 常与 VOD 组合在一起，不同容量的 VAD/VOD 精炼设备的技术参数见表 5-8。

2. VAD 法基本精炼功能

VAD 炉具有抽真空、电弧加热、吹氩搅拌、测温取样、自动加料等多种冶金手段。整个冶金过程在一个真空罐内即可完成，不像 SKF 和 LFV 那样加热和脱气在两个工位，钢包需移动，因此 VAD 的各种冶金手段可以根据产品的不同质量要求进行组合。VAD 法基本精炼功能有：①造渣脱硫；②脱氧去除夹杂物；③脱气（H 和 N）；④吹氩改为吹氮时，可以使钢水增氮，生产含氮钢种；⑤合金化。

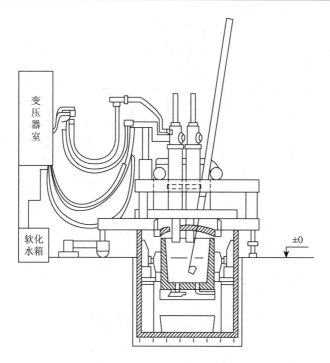

图 5-3　抚顺特殊钢股份有限公司 VAD 设备深井式布置图

表 5-8　VAD/VOD 精炼设备技术参数

项目	VAD/VOD 20 t	VAD/VOD 40 t	VAD/VOD 60 t	VAD/VOD 100 t	VAD/VOD 150 t
钢包额定容量/t	15	30	50	90	125
钢包最大容量/t	20	40	60	100	150
钢包直径/mm	2200	2900	3100	3400	3900
熔池直径/mm	1740	2280	2480	2800	3300
钢包高度/mm	2300	3150	3450	3900	
抽气能力/(kg·h^{-1})	150	250	350	450/500	550/600
蒸汽消耗量/(t·h^{-1})	7/8	10/12	10/12	10/12	10/12

3. VAD 法操作工艺

实际生产中，通过真空、加热、吹氩、合金化的不同组合，能设计出多种多样的 VAD 工艺路线，如图 5-4 所示。

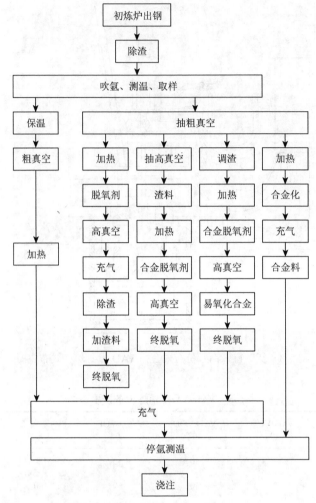

图 5-4　VAD 法工艺路线图

5.3　VOD 法精炼装置和工艺

　　如果在 VAD 真空盖上安装一只氧枪，向钢液熔池内吹氧脱碳，就成为真空吹氧脱碳精炼，即 VOD（vacuum oxygen decarburization）工艺。VAD 和 VOD 两种设备通常安放在同一车间的相邻位置，形成 VOD/VAD 联合精炼设备，使车间具备了灵活的精炼能力。

5.3.1　VOD 法精炼装置和工艺概述

　　VOD 法是由德国 Edel-stahlwerk Witten 和 Standard Messo 公司于 1967 年共同

研制的。这种方法实现了不锈钢冶炼必要的热力学和动力学条件——高温、真空、搅拌。目前其已装备的容量为 5～150 t，容量最大的是新日铁八幡制铁厂的 150 t VOD 炉。1990 年日本住友金属公司鹿岛厂以不锈钢的高纯化为目的，开发出的由顶吹喷枪吹入粉体石灰或铁矿石的方法，称为 VOD-PB 法。

VOD 可以与转炉、电弧炉等配合，初炼炉中将钢熔化，并调整好脱碳和硅以外的其他成分，将钢水倒至钢包内，送至 VOD 工位进行脱碳精炼。有时可以在 VOD 内进行脱磷处理。在进行脱碳处理时，降下水冷氧枪向钢包内吹氧脱碳。在吹氧脱碳的同时从钢包底部向钢包内吹氩气进行搅拌。

近年来，先进的不锈钢生产工艺的主要生产设备发展为转炉式脱碳炉、AOD 和 VOD。VOD 法的生产工艺路线也由电炉（或转炉）—VOD 演变为电炉—转炉式脱碳炉—VOD（三步法），与转炉和 AOD 相比，VOD 设备复杂、冶炼费用高、脱碳速度慢、初炼炉需要进行粗脱碳、生产效率低。优点是在真空条件下冶炼、钢的纯净度高、碳氮含量低，一般 $w(C+N)<0.02\%$，而 AOD 方法在 0.03% 以上，因此，VOD 法更适宜生产 C、N、O 含量超低的超级不锈钢和合金。

5.3.2　VOD 法的主要设备

VOD 法的主要设备有真空罐、钢包、真空泵、氧枪、加料系统、终点控制仪表和取样测温装置等，如图 5-5 所示。

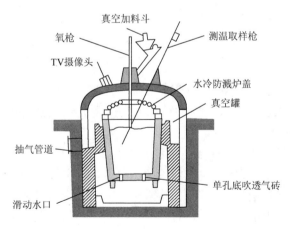

图 5-5　VOD 精炼装置设备示意图

1. 真空罐

VOD 炉设备结构上有两种形式。罐式：设有真空罐，钢包置于真空罐内进行精炼；桶式：钢包本身加真空盖，并在其中进行精炼。

　　1）罐式 VOD

　　罐式 VOD 真空罐是盛放钢包、获得真空条件的熔炼室。它由罐体、罐盖、水冷密封法兰和罐盖开启机构组成。罐盖上有测温、取样、加合金料和吹氧的设备，为了防止喷溅，在钢包和真空盖之间设有中间保护盖，盖上砌有耐火砖。真空罐罐体可以坐在地下井坑内，罐盖做升降旋转运动；罐体也可以坐在台车上做往复运动，罐盖定位做升降运动。真空罐内设有钢包支架，钢包支架起支撑钢包和钢包入罐时导向、定位作用。钢包下方设有防漏盘，其容量应能容纳全炉钢水和炉渣，以免损坏炉体。

　　真空罐盖内为防止喷溅造成氧枪通道阻塞和顶部捣固料损坏，围绕氧枪挂一个直径 3000 mm 左右的水冷挡渣盘，通过调整冷却水流量控制吹氧期出水温度在 60℃ 左右，使挡渣盘表面只凝结薄薄的钢渣，并自动脱落。不同容量 VOD 的真空罐的结构参数见表 5-9。

表 5-9　不同容量 VOD 的真空罐的结构参数

容量/t	真空罐直径/mm	有效容积/m³	罐体质量/t	容量/t	真空罐直径/mm	有效容积/m³	罐体质量/t
5～10	2500	12	10	60～80	5000	100	27
10～20	3000	20	12	80～120	5500	120	33
20～30	3500	33	15	120～160	6000	160	40
30～40	4000	45	18	160～250	6500	200	50
40～60	4500	65	22	250～450	7000	250	60

　　较好的密封方式有两种：①水冷密封。开罐时，放水入槽，以防法兰被烧坏；盖罐前，将水放掉，以免影响精炼。②采用充氩双密封以减少漏气和钢水增氮。

　　罐式 VOD 炉的优点：①罐盖面积较大，易于布置氧枪、加料系统、取样测温装置、监控系统等；②罐内可以放置的钢包容量范围较大；③易与真空泵连接；④钢包上部不带密封法兰，结构比较简单；⑤钢水喷溅不会损坏密封构件，因此可以采用较小的自由空间（1000～1200 mm），易于设置防溅盖；⑥密封法兰较大，罐盖下落时易于对准，较易保证密封。

　　罐式 VOD 炉的缺点：占地面积较大；真空容积较大；抽气时间较长；真空罐结构较大；制造费用也较多。

　　2）桶式 VOD 炉

　　桶式 VOD 炉的优点：钢桶上可以装设倾动机构；占地面积较小；真空室容

积较小，抽气时间短。

桶式 VOD 炉的缺点：为了防止烧坏密封法兰，需要预留较大的自由空间，其值可达 1500～2000 mm，从而导致耐火材料和热量消耗增大，使钢包高度和重量增大，吊车的有效起重量减小，并使氧枪的行程增大；钢包外壳不允许开排气孔，使新砌钢包的干燥困难；滑动水口和透气砖不漏气也是一个较难处理的问题。

2. 钢包

VOD 法和其他炉外精炼方法所用钢包相比，工作条件要苛刻许多：①工作温度高，约为 1700℃。②精炼过程钢液搅动激烈，包衬砖受化学侵蚀和机械冲刷严重。因此，尽管使用高温烧成的耐火材料，其寿命一般也只有 10～30 次。③为防止吹氧过程钢液上涨从包沿溢出，VOD 钢包自由空间较大，为 900～1200 mm。

罐式 VOD 炉的钢包不设密封法兰，其自由空间比较小；桶式 VOD 炉为了保持密封设有法兰，而且为了保护法兰，其自由空间比前者要大 25%～50%，当真空管道直接与包盖相连接时，在吹氧和强搅拌的条件下，往往要求有 1.5～2.0 m 的自由空间，以承受激烈的沸腾。

钢包底部装有透气砖，日本有的工厂采用了装设 3～6 根不锈钢管的办法向熔池吹入氩气，以利于搅拌和加速脱碳。

1）吹氩透气塞

通常 VOD 在钢水包包底中心或半径1/3～1/2处安装吹氩透气塞。为保证良好的透气性，透气塞由上下两块透气砖组成。

透气砖一般采用刚玉质或镁质耐火材料烧制而成，透气方式有弥散式、狭缝式、管式三种，通常采用弥散式，透气能力约为 500 L·min^{-1}（标态），如图 5-6 所示。

2）钢包盖

为减少喷溅和热量损失，VOD 钢包上扣有钢包盖，该盖可以悬挂在真空罐盖内，也可以不挂，炼钢时用吊车吊扣在钢包上。

罐盖内温度低，罐盖开出后，人就可以到盖下作业，如处理加料筒卡料、换氧枪套砖等。钢包盖的结构如图 5-7 所示。

包盖圈坐在钢包沿上不通水冷却，包盖圈由 15 mm 厚钢板焊成，圈内拱形砌筑高铝砖。

3）钢包砌筑

VOD 钢包由熔池、渣线、自由空间三部分组成。渣线部位寿命最低，一般一个熔池可用两个渣线。表 5-10 是典型 30 t 精炼钢包砌筑与材质。

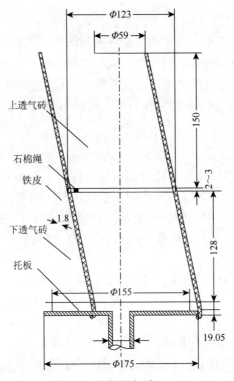

图 5-6　钢包透气砖(mm)

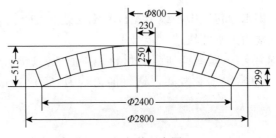

图 5-7　钢包盖示意图(mm)

表 5-10　30 t 精炼钢包砌筑与材质

部位	绝热层		保护层		工作层	
	材质	厚度/mm	材质	厚度/mm	材质	厚度/mm
自由空间（7 层）	黏土砖	30	高铝砖	65	高铝砖	150
渣线（12 层）	黏土砖	30	高铝砖	65	高铝砖	150
熔池（9 层）	黏土砖	30	高铝砖	65	高铝砖	150
包底	黏土砖	30	高铝砖	65	高铝砖	200

注：（1）高铝砖为一级高铝 Al_2O_3 含量≥85%；

（2）包底包壁衔接处用马丁砂捣打

3. 真空系统

真空系统由蒸汽喷射泵、冷凝器、抽气管路、真空阀门、动力蒸汽、冷却水系统、检测仪表等部分组成。用于 VOD 的真空泵有水环泵＋蒸汽喷射泵组或多级蒸汽喷射泵组两种。水环泵和蒸汽喷射泵的前级泵（6～4 级）为预抽真空泵，抽粗真空。蒸汽喷射泵的后级泵（3～1 级）为增压泵，抽高真空。较高的真空度下，容易达到较高的技术经济指标，同时考虑到向真空室吹入氧气进行脱碳时，会产生大量 CO 气体，必须及时抽出，所以和其他精炼设备相比，VOD 法真空泵的特点是排气能力大。例如，50 t 的设备，在 400 Pa 时其排气能力为 480 kg·h^{-1}，真空泵的极限真空度为 20 Pa。30～60 t VOD6 级蒸汽喷射泵基本工艺参数见表 5-11。

表 5-11　30～60 t VOD6 级蒸汽喷射泵基本工艺参数

项目	工艺参数	指标	项目	工艺参数	指标
蒸汽	工作压强/MPa	1.6	真空度/Pa	工作真空度	<100
	过热温度/℃	210		极限真空度	20
	最大用汽量/(t·h^{-1})	10.5			
冷却水	工作压强/MPa	0.2	抽气能力/(kg·h^{-1})	133.322 Pa 时	340
	进水温度/℃	≤32		5332.88 Pa 时	1800
	最大用水量/(m^3·h^{-1})	650		1600 Pa 时	1800

4. 吹氧系统

吹氧系统由高压氧气管路、减压阀、电动阀门及开口大小指示盘、金属流量计及流量显示记录仪表、氧枪及氧枪链条升降装置、氧枪冷却水和枪位标尺等组成。

氧枪设置在 VOD 炉的真空盖上，通过活动密封装置插入真空室内。氧枪大体上分为两种类型，分别为与转炉氧枪类似的消耗型氧枪和水冷非消耗型氧枪。

（1）消耗型氧枪是普通钢管或在钢管上涂耐火材料（如桶炉上所用的）。吹氧时枪口距液面 250～500 mm，下降速度为 20～30 mm·min^{-1}。消耗型氧枪吹氧喷溅严重，吹氧时受限制。

（2）水冷非消耗型氧枪又分直管和拉瓦尔型两种。水冷拉瓦尔型氧枪下部外套耐火砖，氧枪升降由马达链条传动，如 30 t VOD 水冷拉瓦尔型氧枪最大行程为 3 m，升降速度为 3.4 m·min^{-1}，氧气工作压强为 0.1 MPa，最大流量为 25 m^3·min^{-1}，冷却水流量为 16 m³·h⁻¹，压强为 0.8 MPa，吹氧时枪位 1000～1200 mm。开吹时碳高取上限，碳低和吹氧后期取下限。目前拉瓦尔氧枪用得较多，因为它使用起来稳定可靠，寿命很长。

5. 加料系统

一般用于进行脱氧、造渣和对合金成分进行微调，而且由于无外加发热源，加料时间要求越短越好，所以宜于将加料系统设在真空盖上，采用多仓式真空料仓，在加料前预先将料加入料仓，在精炼过程中按工艺要求分批将料加入炉内。

VOD 设备一般配置有自动加料系统。它由料仓、称量料斗、皮带运输机、回转溜管、上下料钟和 PLC 计算机自动控制等部件组成。

6. 冶炼过程控制仪表

VOD 精炼过程，尤其是吹氧期操作，完全靠各种计量检测仪表的显示做指导，吹氧终点靠对各项仪表数值的综合分析确定，因此，用于冶炼过程计量仪表必须准确可靠。这类仪表有以下几种。

（1）氧气金属浮子流量计，显示氧气流量和累计流量。冶炼碳大于 0.03% 的钢种时，通过耗氧量计算确定吹氧终点。德国 Unna 炼钢厂和 Witten 特殊钢厂的计算公式分别为

$$t = \frac{w[C]_\% + \frac{1}{2} w[Si]_\% G}{\eta_{O_2} Q_{O_2}} \tag{5-2}$$

$$t = \frac{w[C]_\% \cdot G}{\eta_{O_2} Q_{O_2}} \tag{5-3}$$

式中，t——吹氧时间，min；

　　　G——钢液量，kg；

　　　η_{O_2}——氧利用率，Unna 炼钢厂取 45%～50%，Witten 特殊钢厂取 65%；

　　　Q_{O_2}——吹氧量，m³·min⁻¹。

（2）废气温度记录仪。由安装在 VOD 真空罐抽气管路入口处的热电偶测量，显示吹炼过程反应放出气体的温度变化。发生喷溅或漏包事故时，温度会突然升高很多。

（3）真空计和真空记录仪。测量点在主真空管路上，显示并记录冶炼过程真空罐内气体压力变化。碳氧反应开始压力升高，反应结束压力降低。

（4）微氧分析仪。气体取自真空系统排气管道处，以空气为参比电极与被抽气体构成氧浓差电池产生电动势，通过记录氧浓差电动势的起落，显示碳氧反应的开始和结束。它是指导 VOD 操作的主要依据。

（5）CO/CO₂ 气体分析仪、质谱仪等。用于分析排出气体中的 CO、CO₂ 含量，算出氧化去除的碳量确定吹氧终点。

取样测温装置对严格控制钢水成分、取得合理的工艺参数、研究精炼过程的反应规律、制定工艺过程的数学模型、进而进行过程的电子计算机控制都是不可缺少的。

VOD 炉精炼过程中钢水喷溅比较激烈，如何保证取样测温具有代表性是至关重要的。

5.3.3　VOD 法的基本功能

VOD 具有吹氧脱碳、升温、氩气搅拌、真空脱气、造渣、合金化等冶金功能，适用于不锈钢、工业纯铁、精密合金、高温合金和合金结构钢的冶炼，尤其是超低碳不锈钢和合金的冶炼。

1. 吹氧脱碳保铬

真空吹氧脱碳过程可分为以下两个阶段。

（1）高碳区（C 质量分数大于 0.05%～0.08%），脱碳速度与钢中碳质量分数无关，由供氧量大小决定。脱碳速度随温度升高、吹氧量增大、真空度提高、吹氧枪位降低而增加。因此，在温度和压力一定时，可以通过增大供氧量、降低枪位，来提高脱碳速度。但是过快的脱碳速度容易导致喷溅和溢钢事故发生，所以，VOD 在高碳区脱碳速度仪表控制在每分钟 0.02%～0.03%。

（2）低碳区（C 质量分数小于 0.05%～0.08%），脱碳速度随钢中碳质量分数减小而降低。在低碳区，碳在钢液内的扩散是脱碳反应的限制性环节。通过增大吹氩量、提高钢液温度、提高真空度等措施可以降低吹氧终点碳质量分数。

VOD 法吹炼不锈钢时，铬的收得率一般为 98.5%～99.5%。提高开吹钢液温度和吹氧真空度，减少过吹，增大氩气搅拌强度，加入足够脱氧剂，保证还原反应时间不小于 10 min，造碱性还原渣可以提高铬的回收率。

2. 吹氧升温

VOD 法主要靠合金元素的氧化放热提高熔池温度，主要放热元素有碳、硅、锰、铬、铁和铝等。吹氧温升与元素氧化速度、开吹温度、供氧强度、吹氧期真空度、氧枪高度、钢水包与罐体温度高低有关，VOD 精炼过程平均温升约为 2.36℃·min⁻¹，停氧后平均温降约为 1.30℃·min⁻¹。

在实际生产过程中温度控制可能包括两种情况：①停氧后钢液温度偏低，此时可以采取过吹或二次吹氧的办法使钢液升温，一般过吹温升速率为 5～6℃·min⁻¹。

需要注意的是，要根据过吹量来适当增加脱氧剂的用量。②吹后温度偏高，此时可以加入本钢种返回坯或钢材作为冷却剂来降温，以缩短还原精炼时间。

不同材料的冷却效果（按添加钢液量的 1%计）见表 5-12。

表 5-12　不同材料的冷却效果

冷却材料	钢液温度变化值/℃	冷却材料	钢液温度变化值/℃	冷却材料	钢液温度变化值/℃
不锈钢返回料	20	CaO	17	FeCr（高碳）	15.5
碳素钢返回料	20	Al	+3	FeCr（低碳）	20
Ni	18	FeMn（高碳）	12	FeSi 75%	+5
FeMo（70%）	18	FeMn（低碳）	18.5	FeTi 37.54%	16.5

3. 脱气

VOD 法因为吹氧脱碳产生钢液沸腾，加上吹氩搅拌，为去除钢中气体创造了良好的动力学条件。提高 VOD 脱气效果的措施有：降低初炼钢液的氢、氮质量分数；提高冶炼过程的真空度；增加有效脱碳速度；增大氩气流量；使用干燥的原材料，尤其是石灰，应防止其吸收水分；减少设备漏率和浇铸超低氮钢种时采取保护措施防止吸氮。

4. 造渣、脱氧、脱硫、去夹杂

VOD 法利用吹氧产生的高温熔化渣料，形成碱度为 1.5～2.5、流动性良好的炉渣，添加硅铁、铝、硅、钙等颗粒脱氧剂，还原氧化铬的同时对钢液进行脱氧、脱硫。VOD 法脱硫率为 0%～82%，平均为 40.3%。不锈钢成品硫质量分数最低可以达到 0.001%。

VOD 法生产高纯净不锈钢的技术措施有：①精料，初炼炉提供温度 1580～1610℃，C 质量分数 = 0.30%～0.50%，Si 质量分数≤0.15%，S 质量分数≤0.15%的钢液，VOD 还原期应避免补加大量的合金料；②提高冶炼真空度；③准确控制吹氧终点，杜绝过吹；④进行真空碳脱氧操作，在温度允许的情况下延长真空碳脱氧时间；⑤当吹炼后期温度过高时，加冷却剂降温，使还原期时间不长于 25 min；⑥除净初炼渣，合理使用脱氧剂种类和数量，保证高碱度白渣精炼。

5. 合金化

通过初炼炉出钢过程钢液激烈混冲，VOD 钢包内取化学分析样能准确反映合金元素质量分数，VOD 精炼过程中不用再取样就可以一次性调加合金料，使成品化学成分达到控制目标值。各种合金料通过自动加料系统，在真空条件下直接加入钢水包内，合金料加入时间和收得率见表 5-13。

表 5-13　合金料加入时间、方法和收得率

合金料	调整元素	加入时间	加入方法	收得率/%	钢种举例
高碳铬铁	C	脱氧后 5～10 min	真空自动加料	97	1Cr18Ni9Ti
	Cr	分析结果报回后	真空自动加料	98～99	1Cr18Ni9Ti
高碳锰铁 中碳锰铁 金属锰	C	脱氧后 5～10 min	真空自动加料	97	1Cr18Ni9Ti
	Mn	脱氧后 3～5 min	真空自动加料	85～95	1Cr18Ni9Ti
镍板	Ni	停氧后大气下	手工加料	100	1Cr18Ni9Ti
铜板	Cu	停氧后大气下	手工加料	100	17-4PH
钼铁	Mo	停氧后	自动或手工加料	100	00Cr13Ni6MoN
钒铁	V	解除真空前 5 min	真空自动加料	90～100	A286Ti
铌铁	Nb	解除真空前 5 min	真空自动加料	85～100	00Cr13Ni6MoN
钛铁	Ti	解除真空前 5 min	真空自动加料	55	1Cr18Ni9Ti
		出罐扒部分渣	手工加料	85	1Cr18Ni9Ti
硅铁	Si	脱氧剂	真空自动加料	80～90	1Cr18Ni9Ti
		出罐前	手工加料	95～98	00Cr14Ni14Si4
铝	Al	脱氧剂	真空自动加料	约 13	GH132
		解除真空前 3 min	真空自动加料	100	GH132
硼铁	B	出罐前	钢包插入	75～100	17-4PH
氮化铬（锰）	N	解除真空前	自动加料	约 100	—
电极粒	C	脱氧后 5～10 min	真空自动加料	95	1Cr18Ni9Ti

5.3.4　VOD 法精炼工艺

因为各个钢厂的初炼炉条件、VOD 设备的配置、能力和生产条件、原材料状况等诸多因素不同，所以操作工艺流程和工艺参数也不会完全相同。

1. EAF-VOD 双联冶炼不锈钢工艺

炉料组成：炉料有本钢种或者类似钢种的返回钢、碳素铬铁、镍铁、钼铁、高硅返回钢、硅铁和低磷返回钢等。配料成分见表 5-14。

表 5-14　VOD 配料成分表

钢种	C	Si	Cr	Ni	Mo	Cu	P	S
C 质量分数≥0.01	1.5～2.0	0.8～1.5	110	—	95	—	上限～0.5	上限
C 质量分数<0.16	0.6～1.6	0.8～1.5	107	96	96	96	上限～0.5	上限
C 质量分数≥0.16	0.6～1.6	0.8～1.5	100	95	96	96	上限～0.5	上限

首先在电炉内熔化钢铁料并吹氧脱碳，使 C 质量分数降到 0.4%～0.5%；除硅以外，其他成分都调整到规格值，因为硅氧化能放出大量热，而且有利于保铬，配料时配硅到约 1%。钢液升温到 1600～1650℃时出钢。一般铬镍不锈钢出钢温度不低于 1630℃，超低碳氮不锈钢不低于 1650℃。钢渣混冲出钢，出钢后彻底扒净初炼渣，并取化学分析样。

钢包接通氩气后放入真空罐，吹氩、调整流量（标态）到 3～30 L·min^{-1}，测温 1570～1610℃，测自由空间高度不小于 800 mm。然后，盖上 VOD 包盖、真空罐盖。这时边吹氩搅拌边抽空气，将罐内压强降低。溶解于钢液内的碳、氧开始反应，产生剧烈的沸腾。当罐内压强（真空度）降至 6700 Pa 左右时，开始吹氧精炼（在这个过程中保持适当的供氧速度、氧枪高度、氩气沸腾强度、真空度等是十分重要的）。由于真空下，在几乎铬不氧化的条件进行脱碳。当钢液入罐碳大于 0.60%甚至到 1.00%以上时，为避免发生喷溅，应延长预吹氧时间，晚开 5级、4 级泵，低真空度小吹氧量将碳去除到 0.50%以后再进入主吹。随着熔池内 C质量分数下降，真空度逐渐上升，吹炼压强可达 1000 Pa 左右。尽管没有加热装置，但是由于氧化反应放热，钢液温度略有升高。吹炼进程由真空度和废气成分的连续分析来控制终点。吹氧结束后，仍继续进行氩气搅拌，进行残余的碳脱氧，还要加强脱氧剂脱氧，经调整成分和温度后，把钢包吊出进行浇铸。停氧条件即吹氧终点判断，应以氧浓差电势或气体分析仪为主，结合真空度、废气温度变化、累计耗氧量进行综合判断。决定停止吹氧的条件是：①氧浓差电势为零；②真空度、废气温度开始下降或有下降趋势；③累计耗氧量和计算耗氧量相当（±20 m³），耗氧量计算系数见表 5-15；④钢液温度满足后期还原和加合金料降温需要。

表 5-15　水冷氧枪吹氧耗氧量（标态）计算

开吹碳、硅含量之和/%	耗氧量（标态）/(m³·t^{-1})			
	<0.1%	<0.06%	<0.03%	<0.01%
0.4	7.6	8.0	8.4	9.2
0.5	8.4	8.8	9.2	10.0
0.6	9.2	9.6	10.0	10.8
0.7	10.0	10.4	10.8	11.6

续表

开吹碳、硅含量之和/%	耗氧量（标态）/(m³·t⁻¹)			
	<0.1%	<0.06%	<0.03%	<0.01%
0.8	10.8	11.2	11.6	12.4
0.9	11.6	12.0	12.4	13.2
1.0	12.4	12.8	13.2	14.0

冶炼 C 质量分数大于 0.03%的不锈钢、合金结构钢，在高碳时吹氧脱碳，可以采用耗氧量来决定吹氧终点，即当累计耗氧量达到计算耗氧量时停吹。这样可以缩短吹氧时间，减少合金元素氧化。冶炼 C 质量分数大于 0.03%（一般技术条件）的不锈钢时，不用进行碳脱氧操作，停氧后直接进行测温加渣料、合金料、脱氧剂及后续操作，用高碳料或增碳剂调碳到成品规格。冶炼 C 质量分数不大于 0.03%和质量有特殊要求的不锈钢时，需要进行真空碳脱氧操作。在 C 质量分数比规格稍高时结束吹氧精炼，过剩的碳在真空下与钢液内的氧继续反应脱氧和去除夹杂物。在真空下继续吹氩搅拌还可以促使夹杂物上浮排除。即停氧后立即打开高真空喷嘴，抽真空到极限真空度，同时增大氩气流量（标态）到 2~3 L·min⁻¹·t⁻¹，此时氧浓差电势再次升起，称为二次峰，时间为 5~15 min，二次峰再次下降到零，真空碳脱氧结束。

真空下或破真空后，测温加渣料、合金料、脱氧剂。

抽真空 3~5 min 渣料熔化，加入脱氧剂和合金料。含钛钢破真空前 3~5 min，温度为 1610~1630℃时加入钛铁。终脱氧在破真空前 3 min 加入铝。最后，破真空，测温停氩气，出罐浇铸。VOD 还原操作工艺参数见表 5-16。

表 5-16　VOD 还原操作工艺参数

技术条件		真空度/Pa	保持时间/min	氩气流量（标态）/(L·min⁻¹)		终脱氧用铝量/(kg·t⁻¹)
				加料	精炼	
抚钢	一般	≤300	≥10	60	40~50	—
	特殊	≤100	≥15	60	40~50	1
上海钢研究所		≤133	15~20	30	20	—

如果温度高，可通过吹氩降温，温度过高，可抽真空降温，此时含钛钢需补加钛铁 2~4 kg·t⁻¹。不同钢种的出罐温度见表 5-17。

表 5-17　不同钢种的出罐温度

钢种	1Cr18Ni9Ti	0Cr19Ni9	1Cr13	00Cr14Ni14Si4	00Cr18Ni12Mo2Cu2
温度/℃	1560~1580	1555~1575	1580~1600	1550~1570	1560~1580

2. 电弧炉-VOD 冶炼纯铁及精密合金工艺

工业纯铁及镍（钴）精密合金的 VOD 冶炼工艺与不锈钢基本相同，只是因为没有铬参与氧化反应，在相同的吹氧条件下，脱碳速度更快，更容易发生喷溅和溢钢。氧化反应放热少，容易出现吹后温度低。因此，冶炼工艺参数需适当调整。

1）配料

炉料组成：为满足成品高纯度、低硫磷的要求，选用低硫磷碳素返回钢、生铁或废电极，精密合金则加配电解镍、氧化镍和镍钴返回料等。配料成分见表 5-18。

表 5-18　纯铁及精密合金配料成分（%）

品种	C	Si	S	P	Ni，Co
工业纯铁	0.2～0.3	≤0.40	≤0.030	≤0.020	—
精密合金	0.3～0.4	≤0.40	—	—	规格中限

2）电弧炉操作工艺

装料，顺序为炉底垫白灰 20 kg·t^{-1}，冶炼工业纯铁装铁矿石 10 kg·t^{-1}，冶炼精密合金装氧化镍或电解镍，最后装入返回钢。

给电，炉底形成熔池后吹氧助熔，自动流渣。熔化末期补加石灰 10～15 kg·t^{-1}，增加炉渣碱度早期去磷。若冶炼 P 质量分数≤0.005%的工业纯铁，换渣去磷使 P 质量分数≤0.005%，温度不低于 1600℃。

除净氧化渣，加白灰、萤石。冶炼工业纯铁加 AD 粉还原出钢。冶炼精密合金加硅铁粉和碳粉还原，调整成分后出钢。

3）VOD 操作工艺

钢包彻底除渣，入罐、吹氩、测温、取样，测自由空间不小于 1300 mm。入罐钢液化学成分及温度规定见表 5-19。

表 5-19　入罐钢液化学成分和温度规定

品种	C	Si	S	P	Ni，Co	温度/℃
工业纯铁	0.20%～0.30%	≤0.25%	≤0.002%	≤0.003%	—	≥1620
精密合金	0.30%～0.40%	≤0.30%	≤0.010%	≤0.015%	规格中限	≥1580

抽真空吹氧，纯铁及精密合金 VOD 吹氧制度见表 5-20。

表 5-20　纯铁及精密合金 VOD 吹氧制度

钢液量/t	阶段	开泵级数	真空度/kPa	枪位/mm	氧流量/(m³·min⁻¹)	氩流量(标态)/(L·min⁻¹)
30	预吹	6～5	10～9	1300	7	15～20
	主吹	6～4	8～2	1300	9	20～30

停氧条件为氧浓差电势下降到零。停氧后开（1～6 级）泵抽至极限真空度，增大氩气流量（标态）至 50～60 L·min⁻¹，无氧浓差电势二次峰出现，保持 3～5 min。

真空或大气下测温、加渣料，白灰 15～20 kg·t⁻¹，萤石 3～5 kg·t⁻¹，调整化学成分，脱氧剂铝加入量 2 kg·t⁻¹（硅钙 1 kg·t⁻¹），抽真空保持不小于 10 min。

出钢温度：工业纯铁 1600～1620℃，精密合金 1540～1560℃。

5.3.5　转炉式脱碳炉-VOD 冶炼不锈钢工艺

以转炉式脱碳炉为初炼炉给 VOD 提供粗炼钢液是不锈钢生产的又一途径。转炉，特别是顶底复吹转炉，脱碳速度快，可以换渣脱硫，因此，可以提供温度高、碳质量分数低的初炼钢液，从而减轻 VOD 脱碳负担，缩短精炼时间，实现以最低的成本生产不锈钢。

巴西 Timotco 的 Acesita 钢厂用 75 t MRP-L 转炉为 72 t VOD 提供钢液，生产不锈钢，其吹炼工艺见图 5-8，吹炼参数见表 5-21。

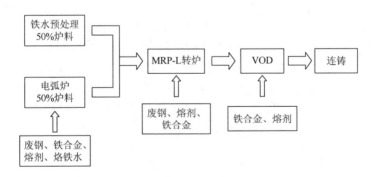

图 5-8　巴西 Acesita 钢厂转炉冶炼不锈钢的工艺流程

表 5-21　巴西 Acesita 不锈钢生产典型的化学成分和温度的变化情况

	化学成分/%							质量/t	温度/℃
	C	Si	Mn	S	P	Cr	Ni		
电炉	3.80	0.20	0.64	—	0.035	36.5	3.84	30	1630～1700
高炉铁水	3.80	0.20	—	0.040	0.010	—	—	31	约 1260

	化学成分/%							质量/t	温度/℃
	C	Si	Mn	S	P	Cr	Ni		
铁水罐混合	3.80	0.20	0.50	—	0.22	17.95	1.94	61	1300～1400
复吹转炉	0.2～0.25	≤0.10	1.50	—	0.030	18.4	8.10	72	1600～1650
VOD	0.04～0.06	≤0.50	1.50	—	0.030	18.4	8.110	72	1550～1600

该工艺简称为三步法，它的特点为：①初炼炉（电弧炉）：作为固态炉料的熔化器或含铬铁水的还原炉；②转炉型精炼炉：快速脱碳至 0.2%～0.3%，温度为 1650～1700℃；吹入适量的惰性气体以减少 Cr 的氧化；③真空精炼炉（VOD）：进一步脱碳精炼和成分微调使钢水成分达到规格要求，去气、去夹杂，铬渣还原、脱硫和脱氧。

三步法不锈钢冶炼的主要优点为：①氩气消耗大幅度降低（≤1.0 Nm³·t⁻¹）；②耐火材料消耗显著降低，转炉炉衬寿命达 1000 次以上；③FeSi 消耗量减少；④产品范围广且质量高（容易生产超低 C、N 钢，O、H、S 和夹杂物含量低）；⑤Cr 的回收率高；⑥精炼时间缩短，连浇炉次增加；⑦生产成本降低。

5.3.6　VOD 的精炼效果

经 VOD 处理后，钢液中的 C 质量分数可降低到 0.03%以下，最低可降到 0.005%，O 质量分数降到 40×10^{-4}%～80×10^{-4}%，成品材中 O 质量分数为 30×10^{-4}%～50×10^{-4}%，H 质量分数可降到 2×10^{-4}%以下，N 质量分数可降到 300×10^{-4}%以下，可以生产超低碳、氮不锈钢。与电弧炉法相比，成品钢中的锡、铅等微量有害元素的质量分数大大减小。从而使钢的耐腐蚀性、加工性都有相当程度的提高。由于发挥了真空脱氧作用，减少了脱氧的用铝量，可获得抛光性能特别好的不锈钢。

第6章 RH精炼装置及工艺

6.1 RH法概述

6.1.1 概述

循环式真空脱气法（Rheinstahl Heraeus，HR）也称为环流式真空脱气法。1957年由联邦德国 Ruhrstahl 公司和 Heraeus 公司共同设计发明，因此简称为 RH 精炼法。第一台 RH 设备于 1959 年在联邦德国的 Thyssen（蒂森）公司的 Hattingen 厂建成。设计的最初目的就是用于钢液的脱氢处理。近 60 年来，该项技术获得了高度发展和广泛的应用。到 2000 年全世界已投产的 RH 法工业装置有 160 多台，可处理的最大钢包容量达 400 t。我国早在 20 世纪 60 年代大冶钢厂从联邦德国 MESSO 公司引进了第一台 RH 装置。20 世纪 70～80 年代武钢二炼钢从联邦德国分别引进了两套 RH 装置，用于硅钢的冶炼生产，后来宝钢、攀钢、鞍钢、本钢、太钢等也相继建成投产了 RH 精炼装置。到 2007 年年底，我国的 RH 装置达到 60 多台，年处理能力大于 9000 万 t。我国自主研发的 RH 真空精炼设备和技术从 2002 年开始在国内也迅速获得了广泛应用。表 6-1 是我国已建成的部分 RH 真空精炼炉。

表 6-1 我国已建成的部分 RH 真空精炼炉（主要大型钢厂 RH 装备台数及容量）

厂名	容量	座数	备注
宝钢	300 t/5 座	5	5 号 RH 采用三工作方式
鞍钢	200 t/1 座，260 t/2 座	3	
武钢	90 t/2 座，300 t/1 座	3	经 RH 处理品种达 350 以上
太钢	8 t/1 座，180 t/1 座	2	
本钢	150 t/1 座，150 t/1 座	2	2 号 RH 采用双工作位式
攀钢	160 t/2 座	2	
中钢	150 t/2 座，250 t/2 座	4	
济钢	150 t/1 座	1	
沙钢	180 t/2 座	2	

续表

厂名	容量	座数	备注
马钢	120 t/1 座，300 t/1 座	2	
唐钢	150 t/1 座	1	河北第一个
迁钢	210 t/1 座	1	首钢第一个
莱钢	130 t/1 座	1	

表 6-2 是各种真空精炼方法的技术比较。与其他真空精炼设备相比，RH 的处理时间最短，处理后钢水的洁净度最高。从投资成本比较，现代 RH 比传统 RH 略有增加，但与其他真空精炼设备相比，投资成本约高出 50%。但其操作成本低于传统 RH，与 VD 炉大致相当。

表 6-2　各种真空精炼方法的技术比较

参数	现代 RH	传统 RH	VD	VOD	真空罐钢包炉	真空钢包炉
碳含量/×10^{-6}	≤15	≤20	0.05~1.0	≤50	30~40	40~50
最大脱碳速率/min^{-1}	0.35	0.1~0.15	0	0.20	0.08	0.09
脱碳时间/min	<13	<15	无脱碳功能	40~50	15~20	20
脱氢能力/×10^{-6}	≤1.0	≤1.5	≤2.0	≤2.0	≤2.0	≤2.0
钢中 T.O/×10^{-6}	≤15	≤25	≤10	≤30	≤30	≤30
脱硫率/%	40~60	0	80~90	80~90	70~85	80~90
化学加热	有	无	无	有	无	无
相对投资成本	1	0.8~0.9	0.5~0.6	0.6~0.7	0.4~0.5	0.3~0.4
相对操作成本	1.1	1.2	1.0	1.2	0.9	0.8

从 RH 的工艺特点来看，RH 的精炼功能强、处理能力大、处理周期短、处理后钢水的洁净度水平高，具体表现在以下几个方面。

（1）反应速度快。表观脱碳速度常数 k_C 可达到 3.5 min^{-1}。处理周期短，生产效率高，常与转炉配套使用。

（2）反应效率高。钢水直接在真空室内进行反应，可生产[H]≤0.5×10^{-6}、[N]≤25×10^{-6}、[C]≤10×10^{-6} 的超纯净钢。

（3）可进行吹氧脱碳和二次燃烧进行热补偿，减少处理温降。

（4）可进行脱硫，生产[S]≤5×10^{-6} 的超低硫钢。

传统 RH 的作用主要为钢水脱氢，而现代 RH 的冶金功能更加丰富，主要包括脱氢、真空脱碳、真空脱氧、脱硫、调温、改善钢水的纯净度及合金化和均匀化等的功能，具体功能如图 6-1 所示。

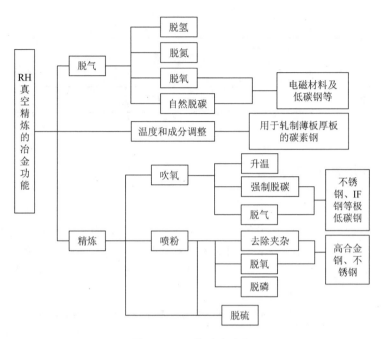

图 6-1 RH 的冶金功能

现代 RH 功能及效果包括：①脱氢：[H]<2×10^{-6}；②脱氮：氮易形成氮化物，且受表面活性元素影响，脱氮效率较低，为 0%～40%；可以生产[N]≤0.002%的纯净钢水；③脱氧：T.O≤0.001%的超纯净钢；④脱碳：处理 10～20 min，可生产[C]<0.002%超低碳钢；⑤脱磷、硫：脱硫率 10%～75%，最低[S]<0.001%超低硫钢水；喷粉脱磷，[P]≤0.002%超低磷钢；⑥减少非金属夹杂物：改善钢水纯净度，使小于 5 μm 的夹杂物达到 95%以上；⑦成分微调：合金元素控制精度为±（0.003%～0.010%）；⑧升温：加铝吹氧提温，钢水最大升温速率可达 8℃·min^{-1}。

6.1.2 RH 的发展历史

RH 发展到今天，大致分为以下三个发展阶段。

（1）发展阶段（1968～1980 年）。RH 装备技术在全世界广泛采用。

（2）多功能 RH 精炼技术的确立（1980～2000 年）。RH 技术经过发展，几乎达到尽善尽美的地步。

（3）极低碳钢的冶炼技术（2000 年至今）。为了解决极低碳钢（[C]≤10×10^{-6}）

精炼的技术难题，需要进一步克服钢水的静压力，以提高熔池脱碳速率。表 6-3 是 RH 工艺技术进步的成果。

表 6-3　RH 工艺技术的进步

工艺指标	钢水纯净度/×10⁻⁶						钢水温度补偿量/℃	脱碳速率常数 K_C/min⁻¹	温度波动/℃
	C	S	T.O	P	N	H			
技术水平	≤20	≤10	≤15	≤20	≤20	≤1.0	26.3	0.35	≤±5

6.1.3　RH 适合的钢种

新一代钢铁材料的发展趋势是超洁净、高均匀和微细组织结构控制。RH 可以满足各类高品质钢材洁净度的要求。在纯净钢冶炼和极低碳深冲钢的生产方面发挥着日益重要的作用。表 6-4 列出了各种高品质钢的性能和洁净度要求及其相适应的精炼方法。

表 6-4　各种高品质钢的性能和洁净度要求及其相适应的精炼方法

钢类	代表钢种	技术特点	纯净度要求/10⁻⁶	精炼工艺	性能指标			
					σ_s	σ_B	r	EL/%
超低碳钢	IF 钢	要求同时降低钢中 C、N 和 T.O 含量	[C]<20；[N]<20；[S]<50；T.O<20；D_S<50 μm	RH	105~170	280~318	2.5	>40
低碳铝镇静钢	TRIP 钢	准确控制成分、夹杂物和组织结构，保证表面质量	[C]≤0.2；[Si]≤0.03；[Mn]=1.5	RH	450	800	0.9	26
低合金高强度钢	X80 X100	超低硫精炼，严格控制钢中夹杂物和钢材组织结构	[S]<10；[P]<80 [O]<20；[N]<50；[H]<1	LF-RH LF-VD	550	690	—	21
高级电工钢	35W230	要求同时降低 C、N 和 S 的含量，精确控制成分和析出物形态	[C]≤24；[S+N]<30 [Si]=2.6%~2.9% [S]≤10；[N]<25	RH	P₁.₅/₅₀ (W/kg) 2.20	—	B50 (T) 1.68	
超纯铁素体不锈钢	409L 444	严格控制钢中 C、N 和 S 的含量，降低晶间腐蚀	[C+N]≤120 [S+N]≤80	VOD RH	220	400	1.4	30
轴承钢	GCr15	严格控制钢中 T.O 含量、夹杂物和碳化物析出，提高疲劳寿命	T.O<10；[Ti]≤30 不允许出现液析碳化物、网状碳化物	RH LF-VD	滚动疲劳寿命>10⁷r			

6.1.4 RH 装备情况

RH 精炼装置的特点有：①精炼路程长，精炼时间短（即用较长的精炼路程换取较短的精炼时间，日处理钢水 30 炉以上），因此有利于与初炼炉和连铸的协调配合；②不要求钢桶上面留有很高的自由空间，因此在钢铁企业改造中有利于原有设备的充分利用；③占厂房面积小，只有处理和维修两个工位，不像其他精炼设备需要几个工位；④处理过程中温降较小，有利于降低初炼炉的出钢温度；⑤取样测温方便，为掌握精炼过程中钢水成分和温度变化提供了有利条件；⑥钢包和真空室未被封闭起来，精炼过程容易发现事故隐患，也便于及时处理。

表 6-5 给出了 250～300 t RH 设备技术参数对比结果。

表 6-5 250～300 t RH 设备技术参数对比结果

比较项目\建设厂		富山钢厂	宝钢二炼钢 3#275 t RH-RTB	宝钢一炼钢	巴西 BV 钢厂	邯钢新区炼钢厂	武钢三炼钢	宝钢二炼钢 5#275 t RH
投产年份		1995	1998	1999	停建	—	—	2006
生产产品		硅钢、IF 钢	硅钢、IF 钢、管线钢	IF 钢、管线钢	IF 钢、管线钢		IF 钢、管线钢	硅钢、IF 钢、管线钢
真空室尺寸/mm	外径	—	3500	3500	3500	3200	3250	3500
	内径	2218	2610	2584	2584	2334	2400	2584
	耐材厚度	—	420	433	433	433	400	433
	耐材工作层	—	250	250	250	250	250	250
浸渍管 /mm	外径	—	1490	1490	1500	1414	1370	1490
	内径	600	750	750	750	750	700	750
	耐材厚度	—	370	370	375	375	335	370
环流气体流量		5	3.5	3.5	4	4	4	2.5
环流速度/(t·min⁻¹)		190.4	227.4	227.4	239	239	218	203.3
每分钟环流量/钢水总量/%		76.2	82.5	71.8	79.7	79.7	70.27	73.9
真空泵	级数	六级	四级	四级	五级	四级	五级	五级
	0.5 torr 时能力/(kg·h⁻¹)	1500	1000	1000	1000	1000	1000	1200
	达到 0.5 torr 的时间/min	—	3.5	3.5	3.5	3.5	3.5	3.5
	蒸汽耗量/(t·h⁻¹)	36	36	36	36	36	36	36
	水耗量/(cm³·h⁻¹)	1630	1630	1630	1630	1630	1630	1630

6.2　RH 设备的主要装置

RH 法的设备主要由脱气主体设备、水处理设备、电气设备、仪表设备组成。主体设备由以下设备组成：真空室及附属设备、气体冷却器、真空系统、合金称量台车及加料装置、真空室移动台车、真空室固定装置、真空室下部槽及浸渍管更换台车及专用工器具、浸渍管修补台车、电极加热装置、钢包液压升降装置、钢包台车、测温取样装置、脱气附属设备、管道设备、RH-OB 装置等。

6.2.1　真空室及附属设备

真空室是进行钢液脱气处理的真空容器，包括真空室、排气口切断阀及回转式窥视窗，真空室安放在真空室移送台车上。

它是 RH 的主要工作部分。主要参数是环流管内径、吹气方式和深度、脱气室内径及高度，它们直接影响到其工作性能，如环流量、混合特性、停留时间、脱气表面积，还涉及处理钢液的喷溅等问题。

在多年实践的基础上，真空室现都为圆桶型，两环流管都是垂直的，可以便于制造和安装，还能互换使用，延长工作寿命。真空室的高度也增加到 10 m 以上，这主要是考虑到处理未脱氧钢的喷溅问题。图 6-2 是德国蒂森克虏伯集团 RH 真空室形状的发展变化过程。图 6-3 是国内原武汉钢铁（集团）公司真空室形状的变化。排气口切断阀的作用是防止真空室移动时真空室内热气向外扩散。窥视窗用于监视真空室内钢液环流状态及合金投入状况。

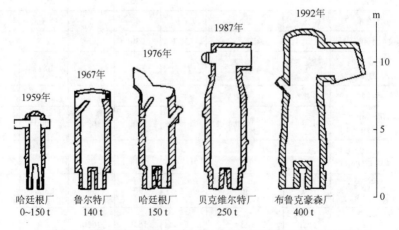

图 6-2　德国蒂森克虏伯集团 RH 真空室形状的发展变化过程

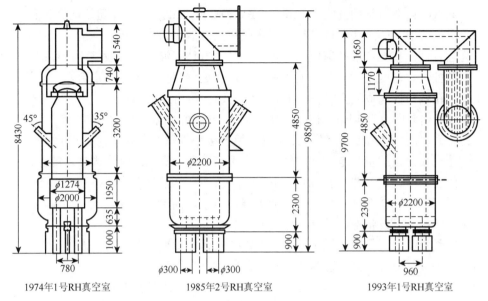

1974年1号RH真空室　　　1985年2号RH真空室　　　1993年1号RH真空室

图 6-3　武钢 RH 真空室形状的变化（mm）

6.2.2　气体冷却器

气体冷却器由排气口伸缩接头、中间管道、气体冷却器本体、切断阀箱、联络管组成。在真空室内，从钢液中排出的气体通过排气口伸缩接头、中间管道导入两台气体冷却器。排气通过气体冷却器时降低了温度，另外捕集了灰尘。接着排气经过切断阀箱、联络管被导入真空排气装置。切断阀箱是切断真空室和真空排气装置的设备。当真空室采用氮气进行复压时，关闭切断阀箱即可保护 N_2 氛围并捕集灰尘。作用是分离气体和烟尘（利用改变气流方向时烟尘颗粒的惯性来分离），降低烟气的温度（从 350～400℃降低至 150～200℃）。原理是采用水冷桶壁和中间水冷板来冷却。

6.2.3　真空系统

由连接脱气室的真空管道和真空泵系统及有关仪表组成。主要有蒸汽增压泵、蒸汽喷射泵，并附带启动蒸汽喷射泵、冷凝器、雾滴分离器、密封水槽。蒸汽通过增压泵及喷射泵喷嘴的时候，将蒸汽的压力能转变为动能，从而高速喷射的蒸汽抽吸在真空室内所产生的排气，依靠冷凝器将蒸汽进行凝缩，然后被下一级喷射泵再次吸入，反复多次用雾滴分离器除去水分后排入大气。在冷凝器中使用过的冷却水汇集在密封水槽内，再用返送泵送往水处理设备。另外，混入在冷却水中的排气可从密封水槽通过排气配管排入大气中。

蒸汽喷射泵通常抽气能力在 66.7 Pa 时为 200～400 kg·h⁻¹，随处理容量而定。

蒸汽喷射泵的工作原理是绝热膨胀段将蒸汽的压力能转化为动能，出口处速度为超音速。在混合段高速蒸汽与炉气（被抽气体）混合，两股气流进行能量交换，被抽气体速度增加。在压缩段被抽气体一边继续与高速蒸汽混合，一边逐渐压缩，在喉口处完成混合过程，速度达到音速，压力逐渐增加。

如果出口压力为 1 bar（1 bar = 10⁵ Pa），则抽气口压力低于 1 bar，这就是真空泵的工作原理。将几级真空泵串联起来，第一级抽气口的压力将远远低于大气压。

蒸汽喷射泵的特点是：①抽气能力大可满足钢液真空精炼最大处理能力及排气量的要求（真空泵抽气能力大于 1000 kg·h⁻¹）；②抽气速度快，3～6 min 可达到预定真空度；③对被抽介质适应能力强，多尘、高温、腐蚀性气体均可使用；④无旋转部件，设备寿命长，工作性能可靠。

冷凝器的作用是降低增压泵排出的混合气体（主要是蒸汽）的温度，缩小其体积，提高真空度。其原理为通过从上部的喷淋口中喷出冷却水与下部喷出的混合气的对流来冷却混合气体。冷却水进入热井被抽至水处理站处理后循环使用。

1. 真空槽

真空槽是冶金反应的容器，所有化学反应都在真空槽内进行。真空槽分上部槽、下部槽、浸渍管，并通过热弯管与气体冷却器相连（真空系统）。通过合金翻板阀与加料系统相连。工作衬砖采用镁铬质耐火材料砌筑，分为两个浸渍管，其中一个为上升管，另一个为下降管。上升管配置两层共 12 根提升气体管。真空槽所有连接部位都采用密封件，不得泄漏。槽内冷钢必须及时清理，尤其冶炼超低碳钢时必须集中清理。

真空室形状一般分为整体式和分体式两种（图 6-4 和图 6-5）。

 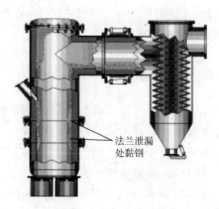

法兰泄漏处黏钢

图 6-4　整体式真空室　　　　图 6-5　分体式真空室

整体式的优点是无水冷法兰引起的泄漏和黏钢，但缺点是真空室下部耐材不能分体更换。分体式的优点是真空室下部耐材能单独更换，缺点是水冷法兰处存在泄漏和黏钢。

1）RH 真空室的支撑方式

RH 真空室的支撑形式对设备的作业率、合金添加能力、工艺设备的布置、设备占地面积等有直接影响。RH 真空室的支撑方式有真空室旋转升降方式、真空室上下升降方式和真空室固定钢包升降式三种支撑方式。

（1）真空室旋转升降式，如图 6-6 所示。

其支撑方式是真空室旋转升降，真空室可上下运动和左右旋转；视情况可设置一个或几个精炼工位（地面或地坑），也可用钢包运输。

其优点是：①结构紧凑，基建费用低；②设备总高度低，吊车空间受到限制也可采用；③安装所需面积最小；④真空室下部及循环管的维修操作容易，不需要吊车和特殊修理车；⑤由于设有两个工位，可连续处理两包钢水，所需设备费用低。

缺点在于：①添加合金系统（特别是大量加合金时）和真空室连接时设备设计难点多，维修困难；②与真空泵系统连接的管道，要设旋转活接头，结构复杂，防止泄漏和维修困难；③能源介质管线配置复杂，维修困难；④真空室周围场地狭窄，操作不便；⑤钢包和真空室容量增大，平衡配重加大，支撑臂的缺点更为突出。

（2）真空室上下升降式，如图 6-7 所示。

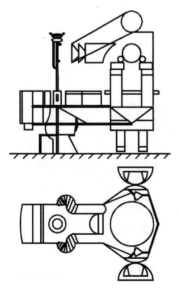

图 6-6 　 真空室旋转升降式示意图

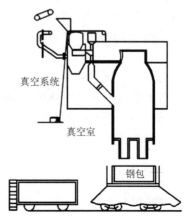

图 6-7 　 真空室上下升降式示意图

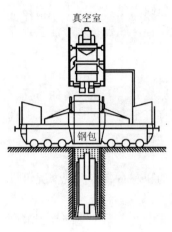

图 6-8　真空室固定钢包升降式

支撑方式为真空室上下升降；真空室可上下运动，采用钢包运输。

其优点是：①钢包容量大，由于用液压方式升降钢包的设备增大，所以适于采用真空室上下升降装置；②可适用于当设置液压缸用地坑困难时的厂。

缺点在于：①真空室上下升降需要大的升降设备；②与真空室固定式相比，基础柱子等均较大，抵消了设备费用低的优点；③排气管道与真空室的结合处设计，维修困难较大。

（3）真空室固定钢包升降式，如图 6-8 所示。

支撑方式真空室固定钢包升降，真空室固定。用钢包车运输到工位再用液压缸升降，或其他方式使钢包升降。

其优点是：①加合金装置和真空室结合处固定不动，操作、维护最方便；②冷却水、吹氩管、加热煤气管道及线路固定，便于操作和维护；③排气系统在内的全部装置固定易于防止泄漏、维修；④在真空室四周有简单固定板架，便于清理黏钢、黏渣等作业。

缺点在于：①安装占用面积最大；②基建费用高；③真空室底部及循环管更换，修补操作，多少有些不便，需单独设置专用修理平车。

三种支撑形式各有优缺点，采用何种支撑形式，应根据企业的具体情况来决定。从设备的维护和操作的稳定性考虑，采用真空室固定不动钢包升降形式比较合适。

2）RH 真空室的更换方式

为了提高 RH 真空精炼炉的作业率，需要有两三个真空室交替使用，以便把使用坏的真空室更换下来维修，并及时把新的真空室替换到工作位置。目前广泛采用双真空室，甚至采用三真空室交替方式。真空室交替方式可以分为双室平移式、转盘旋转式、三室平移式，如图 6-9 所示。例如，我国宝钢和武钢三炼钢的 RH 装置均采用双室平移式真空室更换形式。

表 6-6 是国外统计的不同 RH 真空室更换形式的效率比较。

2. 加热装置

加热装置的作用是对脱气室进行预热，以延长耐火材料寿命，防止黏冷钢并减少处理过程中钢液的温度降。有煤气（或天然气）加热方式（图 6-10）和电阻加热方式（图 6-11）。

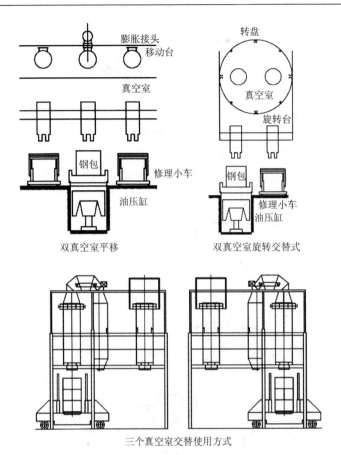

图 6-9　RH 真空室的更换方式

表 6-6　各种 RH 工厂概念的可用性比较

项目	单真空室 RH	真空室快换 RH	双真空室 RH
按顺序处理炉次	4~6 炉之后进行通气管维护	无限制	无限制，如果一个槽正在交换循环时间会稍长
处理时间间隔	通常大于 10 min，取决于布局和起重机的可用性	无钢包回转台： 与单真空室相同； 有钢包回转台：3 min	1 min
每天平均处理炉次	>20	>30	>45

单纯采用煤气加热的优点在于结构简单、节省电能，但它有以下几个方面的缺点：①处理过程中及间隙时间（短时）不能加热，因此真空室的温度不稳定；②加热过程中真空室处在氧化气氛，会氧化残钢，形成流渣，侵蚀耐火材料，并影响钢水成分的控制及钢水的质量；③真空室温度低，易形成结瘤。

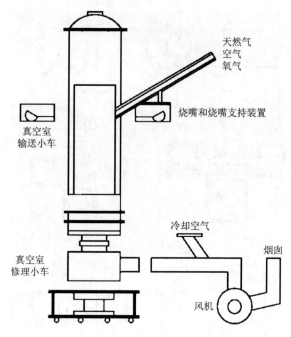

图 6-10　煤气烧嘴加热系统

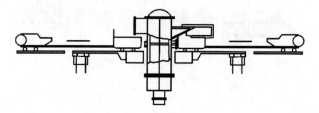

图 6-11　石墨电阻加热系统

目前广泛采用煤气加热和电加热保温方式，优点是：①处理过程中及间隙时间可以加热保温；②加热温度高且稳定；③真空室在加热过程中为中性气氛；④可以减少过程温降，提高耐火材料使用寿命，从而提高 RH 设备的作业率。

缺点是：除了其生产费用较高以外，它的另一个问题是，在生产过程中万一石墨电极掉入真空室中，就会使钢水的碳质量分数大大增加。

3. 加料系统

加料系统对于在处理中对钢液成分进行调整、加入脱氧剂等重要操作是必不可少的。图 6-12 是上料、投料系统示意图。

采用垂直皮带机、卸矿小车将各种冶金材料装入高位料仓。一般 16 个高位料仓储存各种冶金材料。碳、铝为 RH 常用原料，分别单独设置在一个共用的真空

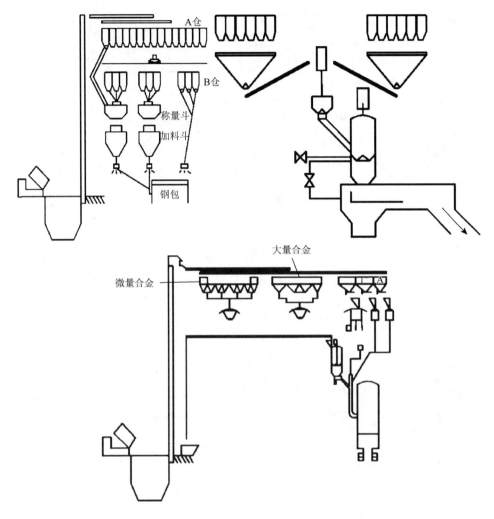

图 6-12　上料、投料系统

料仓内。其他材料通过高位料仓、称量料斗、水平皮带机、真空锁、真空槽,进入钢水。如发现错料,则水平皮带机反向运转,进错料斗。

　　RH 给料器的形式包括真空旋转给料器和真空电磁振动给料器两种,如图 6-13所示。

　　采用真空旋转给料器时,事先应按照合金料的密度、粒度、测量旋转给料器在一定旋转速度下,每格(或每转)加入合金料的质量。格数(转数)预先进行设定,即可自动加入。也有事先按工艺要求称量所需合金,装入可密封的料仓内,再在适当的时候,经旋转给料器全量加入钢水中。优点是能定量均匀地将合金加入钢水中,对均匀成分有好处。

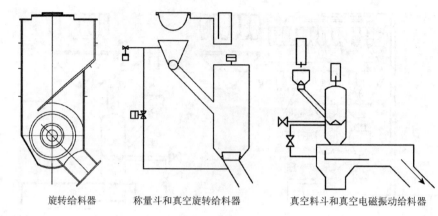

旋转给料器　　　称量斗和真空旋转给料器　　　真空料斗和真空电磁振动给料器

图 6-13　RH 给料器的型式

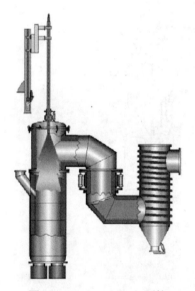

图 6-14　RH-O（T）B 顶枪

真空料斗和真空电磁振动给料器，普遍应用于 RH 真空精炼炉。脱氧合金化时，预先按工艺要求，称量需要的合金（种类、数量）经称量斗送入真空料斗，再将真空料斗密封好，然后抽真空，开启真空料斗的出口，将合金料斗卸入真空给料器上，连续均匀地将合金加入真空室中。

4. RH-O（T）B 顶枪

图 6-14 是 RH-O（T）B 顶枪示意图。

RH-O（T）B 顶枪的功能是：①吹氧强制脱碳；②加铝吹氧升温；③在处理间隔期间烘烤耐火材料；④脱碳期间的二次燃烧有利于能量的充分利用。

脱碳作用：吹氧脱碳可将碳脱至 $20×10^{-6}$ 以下。升温作用：采用铝的化学反应热提高钢液温度，但铝的反应产物可能污染钢液，所以升温范围以不超过 20℃为宜。

冷却采用循环水冷却氧枪。吹氧脱碳时由于部分氧参与二次燃烧，所以氧气利用率低（70%～80%）。

迁钢 1 号 RH 顶枪密封结构示意图见图 6-15。

5. 其他装置

除上述装置外，还有环流管修补台车、自动测温取样装置及观察系统，这些装置对实际生产中生产率的提高及过程控制等有重要作用。

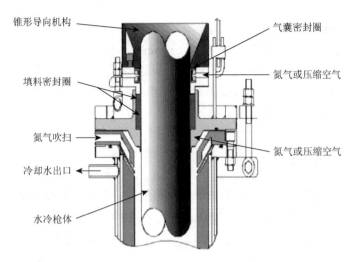

锥形导向机构

气囊密封圈

填料密封圈

氮气或压缩空气

氮气吹扫

冷却水出口

氮气或压缩空气

水冷枪体

图 6-15　迁钢 1 号 RH 顶枪密封结构示意图

6.3　RH 精炼的主要工艺参数

在设计和使用 RH 精炼装置时，合理选择工艺参数对于取得良好的精炼效果，降低设备运行费用具有重要的意义。RH 精炼的主要工艺参数包括处理容量、处理时间、循环因数、循环流量、真空度和工作泵的抽气能力等。

6.3.1　处理容量

处理容量指的是被处理钢液的数量。RH 处理容量上限在理论上是没有限制的，下限取决于处理过程的温降情况。表 6-7 是不同钢包容量的温降速率统计结果。一般在炉外进行处理时，为了降低温降速率，处理容量大些较好（50 t 以上）。同一设备处理不同容量的钢液，只需变化处理时间。

表 6-7　不同钢包容量的温降速率

钢包容量/t	50	100	120	150	200	300	>300
温降速率/($^\circ$C·min^{-1})	3.0~4.0	2.2~2.5	2.0~2.2	1.8~2.0	1.6~1.8	1.0~1.2	<1.0

为了使用同一套 RH 装置能适应不同处理容量，可采用以下两种办法。

（1）改变插入管的直径。例如，美国阿姆科钢铁公司的巴特勒厂用一套循环脱气设备，分别处理 70 t 和 150 t 两种不同容量的钢液，该脱气装置的真空室备有两种底部，其中一种底部的上升管直径为 245 mm，下降管直径为 210 mm，循环流量为 15 t·min^{-1}，用于处理 70 t 钢液。另一种底部的上升管直径为 330 mm，下降管直径为 273 mm，循环流量为 30 t·min^{-1}，用于处理 150 t 钢液。

（2）改变处理时间。例如，德国莱茵钢铁金属集团的亨利希厂处理容量分别为 30 t 和 100 t 两种情况时，只变化处理时间，并不改变插入管的直径。从操作角度考虑，这种办法更为可取。

6.3.2　处理时间

处理时间 $t_{处}$ 是指钢包在 RH 工位的停留时间。RH 处理大部分时间在进行真空脱气，所以脱气时间略小于处理时间。为了保证好的脱气效果，就要保证有足够的脱气时间。实际生产中，脱气时间主要取决于钢液的温度和温降速率，由式（6-1）确定：

$$t_{处} = \frac{T_C}{\overline{V}_t} \qquad (6-1)$$

式中，$t_{处}$——处理时间，min；

T_C——处理过程的允许温降，与钢液的出钢温度和浇注温度有关，℃；

$\overline{V}_t$——处理过程中的平均温降速率，℃·min^{-1}。

在已知温降速率和要求的处理时间内，可参考式（6-1）确定需要的出钢温度。

一般来说，允许的温度损失不会有太大的波动。所以，处理时间取决于脱气时的平均温降速率。温降速率主要与处理容量、钢包和真空室的预热温度、处理时加入的添加剂的种类和数量、渣层厚度、包壁材料的导热系数等因素有关。

其中钢包和真空室的预热温度，特别是真空室的预热温度，对温降速率影响最大。

因此，为了保证足够的处理时间，真空室要充分预热，预热还可以防止真空室内结瘤和提高耐火材料的寿命。表 6-8 是处理容量、真空室预热温度与脱气温降情况的统计结果。

表 6-8　处理容量、真空室预热温度与脱气温降情况

处理容量/t	真空室预热温度/℃	脱气时间/min	总温降/℃	温降速率/(℃·min^{-1})
35	700~800	10~15	—	4.5~5.8
3	1200~1400	—	—	2.0~3.0
70	700~800	18~25	—	2.5~3.5
100	700~800	24~28	—	1.8~2.4
100	~800	20~30	—	1.5~2.5

续表

处理容量/t	真空室预热温度/℃	脱气时间/min	总温降/℃	温降速率/(℃·min⁻¹)
100	1000～1100	—	36	1.5～2.0
100	1500	20～30	30～40	1.5
170	1300	—	—	1.0～1.5

6.3.3　循环因数

循环因数即循环次数，是处理过程中通过真空室的总钢液量与处理容量之比，由式（6-2）决定。

$$C = \omega t / Q \tag{6-2}$$

式中，C——循环因数；
　　　ω——循环流量，$t \cdot min^{-1}$；
　　　t——脱气时间，min；
　　　Q——处理容量，t。

循环开始后，进入真空室的钢液的气体含量主要取决于已脱气钢液返回钢包后与包中钢液混合的状况。用混合系数 m' 来描述。依据 m' 的不同可以分成以下三种情况。

（1）$m' = 1$：返回钢液立即与包中钢液完全混合。

（2）$m' = 0$：返回钢液与包中钢液不混合，并沉入钢包的底部。

在 $m' = 0$ 的混合状况下，在第一个循环时进入真空室钢液的气体含量一直是原始含量，所以钢包中钢液的平均气体含量随脱气时间，也就是随循环因数 C 的增大呈直线降低，直至完成一次循环。即 $C = 1$ 时，钢包中的平均气体含量就等于钢液离开真空室时的气体含量。在 $m' = 1$ 的混合状况下，因为在脱气过程中的任何瞬时，包中钢液的气体含量一直是均匀的，所以循环进入真空室的钢液的气体含量也一直在降低，这样就使得钢包中气体平均含量降低的速率要比 $m' = 0$ 时缓慢得多。

根据循环脱气时废气量计算得出的钢中含气量和原始含气量的比值 $[G]_t/[G]_0$ 与 C 的关系，如图 6-16 中按计算点所连的实线所示。

（3）$0 < m' < 1$。实际的混合状况，大约是 $m' = 0.6$。这就是说，当 $C = 2 \sim 3$ 时，可得到较好的脱气效果。应选择合适的下降管直径，以保证恰当的钢流返回钢包的流速，从而避免流速太大时，与钢包中钢液混合较好，m' 趋近

于 1，又不致流速太小，返回钢包的钢液又立即被吸入上升管而形成循环的"短路"。

图 6-17 是脱氢与循环因数的关系。为了使含氢量较高的钢液有效地脱氢，如要求最终含氢量小于 1.8×10^{-6}，循环因数必须取 5 或 5 以上。

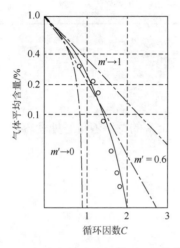 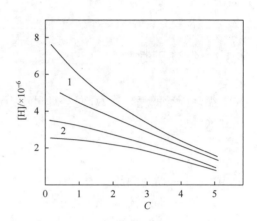

图 6-16　钢中气体含量与循环因数的关系　　　　图 6-17　脱氢与循环因数的关系

1. 平炉钢；2. 电炉钢

6.3.4　循环流量

单位时间内通过真空室的钢液量称为循环流量。它的大小主要取决于上升管的直径和驱动气体流量。

式（6-3）表示出脱氧钢的循环流量与驱动气量、上升管内径的关系：

$$\omega = ad^{1.5}G^{0.33} \tag{6-3}$$

式中，　a——常数；脱氧钢 $a = 0.02$（测定值）；

　　　　d——上升管内径，cm；

　　　　G——驱动气体流量，$L \cdot min^{-1}$。

图 6-18 是由实验获得的不同上升管直径条件下，循环流量与驱动气体流量之间的关系。如图 6-19 所示，在给定的处理容量和循环因数的条件下，脱气时间与循环流量成反比。

在循环因数为 4～5 时，根据所允许的脱气时间，不同处理容量所对应的循环流量数据见表 6-9。

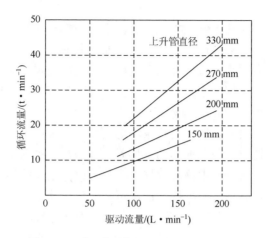

图 6-18　循环流量与驱动气体流量的关系

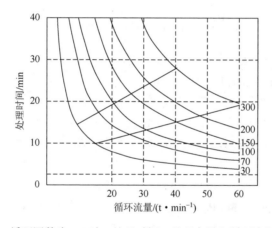

图 6-19　循环因数为 3.5 时，处理时间、处理容量和循环流量的关系

表 6-9　不同处理容量的循环流量

处理容量/t	循环流量/(t · min^{-1})
30～120	15～25
120～200	30～40
200～300	40～50

6.3.5　真空度

真空度是在处理过程中，真空室内可以达到并且能保持的最低压强。根据有

关真空脱气的热力学和动力学分析可知，对于一般钢种对气体含量的要求，并不需要太高的真空度，通常都控制在 67～134 Pa 范围内。

工作泵抽气能力大小，应根据处理的钢种、处理容量、脱气时间、循环流量及处理过程中钢液放气规律来确定。真空循环脱气过程中，气体的析出速率是不同的。在处理前期由于钢液原始含量较高，因此析出的气体量也大，而后期气体析出量大为减少。如果要按脱气高峰来考虑真空泵的抽气能力，所选真空泵的抽气能力会偏大，而按整个脱气期间的平均脱气量考虑，抽气能力会偏低。所以比较合理的方法是按脱气过程中钢液放气规律来考虑真空泵的抽气能力。

如果取循环因数为 3，根据脱气曲线可知，第一次循环后，钢液的气体含量可去除 17.5%左右，第二次循环去除 20%，第三次循环只去除 0.5%。

根据经验数据，脱氧钢的放气量约为 0.5 m³·t⁻¹，未脱氧钢约为 1.0 m³·t⁻¹。

再结合各阶段所要求达到的真空度，可计算各级真空泵的抽气能力[式(6-4)]。

$$S = \left[\frac{101.3 - p_1}{101.3} \cdot V_1 + aV_2\right] \cdot 1.293 \cdot \frac{60}{t} \cdot \frac{1}{0.95} \tag{6-4}$$

式中，p_1——真空泵应抽到的真空度，kPa，本例中 $p_1 = 24$ kPa；

V_1——被抽空系统的总容积，m³；

V_2——真空系统内所有耐火材料的体积，m³；

a——耐火材料的放气量，m³·m⁻³；

t——被抽空系统内压强从 101.3 Pa 降到 p_1 时所规定的时间，min；

1.293——空气的密度，kg·m⁻³；

0.95——被抽空系统的漏气系数。

在 101.3 kPa 抽到 24 kPa 的范围内，耐火材料的放气量是微不足道的，因此可以忽略，式(6-4)可简化为式(6-5)和式(6-6)：

$$S = \frac{0.806}{t} \cdot V_1 \cdot (101.3 - p_1) \tag{6-5}$$

$$S = \frac{82}{t}\left(M \cdot F_0 \cdot \eta + \frac{p_1 - p_2}{101.3} \cdot V_1\right) + Q \tag{6-6}$$

式中，82——几个常数合并后的值，82≈1.293×60/0.95；

M——被精炼钢液的总量，t；

F_0——钢液的放气量，m³·t⁻¹，该值涉及因素较多，波动范围大，一般在 0.2～0.6 范围内选取，吹氧脱碳应根据现场操作经验取更大一些；

p_2——设计选定的特定真空度，kPa；

t——被抽空系统由 p_1 降到 p_2 所要求的时间，min；

η——钢液的放气系数，一般根据精炼方法、钢种、压力范围、精炼时间等因素经验选取；

Q——单位时间内输入的惰性气体以及其他工作气体，$kg \cdot h^{-1}$。

对于未脱氧的钢液，其计算结果列于表 6-10。

表 6-10　不同处理容量时真空泵的抽气能力

处理容量/t	真空泵抽气能力/($kg \cdot h^{-1}$)
30~120	200~400
120~200	500~600
200~300	700~800

6.4　RH 处理模式

RH 的处理模式包括两种：轻处理模式和本处理模式。

6.4.1　轻处理模式

轻处理模式：利用 RH 的循环、脱碳功能，在低真空条件下，对未脱氧钢水进行短时间处理，同时将钢水温度、成分调整到适于连续铸钢的工艺要求。在 6~26 kPa 较低真空度下进行成分、温度调整的处理方式。

适宜典型钢种：以低碳铝镇静钢为主，碳质量分数较低（0.02%~0.06%）、低硅（≤0.03%），代表钢种有 SPHC 和 SS400 等。

轻处理模式工艺特点：真空度要求较低，一般控制在 6~7 kPa；处理时间短，一般处理时间小于 15 min，环流气体流量控制较低。对转炉要求控制 C、N，转炉过来的钢水可以是带氧钢或者脱氧钢，对脱氧钢要求碳基本符合要求。

轻处理模式的优点：

（1）可以降低脱氧剂的消耗量。在采用 RH 轻处理法时，转炉出钢时钢水中的碳质量分数较高，自由氧含量比较低，自由氧在 RH 轻处理中会进一步降低，因此所需的脱氧剂就很少。同时，在进行 RH 轻处理时，由于真空中的脱碳反应可以降低钢水中碳的质量分数，因此可以提高氧气转炉的终点碳，从而提高了钢水的残锰量，锰铁的消耗量也降低了。

（2）提高终点碳质量分数，渣中总铁含量也相应降低了，从而不但可以降低炉渣对转炉内衬的侵蚀，提高转炉内衬的使用寿命，而且可以提高钢水的收得率。

（3）未脱氧钢水的轻处理模式。在 RH 真空状态下，利用碳氧反应降低钢水中的游离氧浓度可以节省脱氧所需的合金铝、同时碳脱氧提高了钢水的纯净度。钢水在转炉钢包中不进行完全脱氧，在 RH 工序对钢水进行真空处理，在一定真空度下，碳氧发生反应立即产生 CO 气体，CO 气体通过槽体和排气管被抽走。通过抽真空降低了碳氧反应的平衡，钢水中的游离氧因和钢水中的碳反应得以减少，这样脱氧所需的合金铝可以减少并保持在较低的水平。同时铝加入量减少导致脱氧所产生的夹杂物也相应减少，有利于钢水的纯净。

另一种轻处理模式要求钢水碳成分一般在 0.01%～0.03%，要求转炉过来的钢水必须是带氧钢（目的是脱碳）。

适用的钢种：对 H 不敏感，但使用条件较为严格；不含 Cr、Ni 的耐候钢；低等级管线钢；强度级别不太高的管线钢等。

代表钢种：如 DI 材（易拉罐）、管线钢 X65 和 SM490 等。

如图 6-20 所示中：

"工艺一"即传统工艺为：转炉出钢过程对钢水进行铝脱氧；RH 精炼过程不再进行脱碳；RH 精炼主要任务是通过钢水环流运动促进脱氧产物充分去除。

"工艺二（RH 轻处理）"：转炉出钢不进行铝脱氧；利用 RH 在较低真空度下进行部分脱碳；随后进行脱氧和去除夹杂物操作。

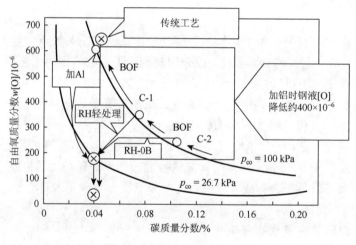

图 6-20　RH 处理模式的比较

6.4.2　本处理模式

本处理模式是指在低真空度（炉内压强 < 0.27 kPa）下，以去除钢水中的碳、氢、氧（脱氧生成物）为目的的真空脱气处理方式。

钢水在转炉出钢过程中可以添加部分合金或完全不脱氧，RH 真空处理开始后真空度快速升高，高真空在 3～5 min 达到，同时调整环流气量增加反应界面积以提高脱碳、氢能力。代表的工艺是深脱碳处理模式。

适用典型钢种：超低碳钢，代表钢种为 IF 钢，也就是平常俗称的汽车板用钢。

其要求的钢种碳质量分数小于 100×10^{-6}，现在日本达到的水平为小于或等于 13×10^{-6}，我国宝钢也基本达到这个水平，其对 C、N、O 和 S 都有非常严格的要求。

工艺特点：是要求真空度高，达到 65 Pa 以下；要求转炉钢水为带氧钢，带氧量控制在 $400 \times 10^{-6} \sim 800 \times 10^{-6}$ 之间，碳质量分数小于 0.05%，氮质量分数较低；处理时间长，脱碳时间大于 15 min，冶炼时间大于 30 min；对环流气体的控制较为严格。

6.5　RH 精炼工艺

6.5.1　RH 法真空脱氢

RH 法真空脱氢过程遵循 Sieverts 平方根定律式（6-7）：

$$\frac{1}{2} H_2(g) \Longrightarrow [H]$$

$$w[H]_\% = K_H \sqrt{p_{H_2}} \tag{6-7}$$

$$\lg K_H = -1670/T - 1.68$$

式（6-7）表示钢液中的氢质量分数与氢气分压的平方根成正比。在真空室内钢液被破碎成小的液滴，脱气表面积大大增加，吹入上升管内的驱动气体氩气泡和在真空状态下脱碳反应生成的 CO 气泡内的氩气分压力为零，按照 Sieverts 定律钢液中的氢向上述气泡中扩散从而使脱氢反应激烈地进行。钢液可以充分地脱气，把钢液内的氢气量降低到极低的水平。

RH 精炼技术发展初期钢水中的[H]可降到 1.5×10^{-6} 以下，后来由于钢水循环流量的增大，真空室真空度的提高，钢水中[H]降至 $0.6 \times 10^{-6} \sim 1.0 \times 10^{-6}$。

在 RH 生产中，要在钢水中获得较低的氢质量分数，则必须在很高的真空度下，脱氢效果才显著提高（图 6-21）。在一定的真空压力下，钢水经过三四次循环，脱氢效率可达 50% 左右。

采用增大单位脱气面积（F/V）和传质系数 K，即采用使钢水泡沫化、流滴化和吹氩搅拌等方法，也可以提高脱氢效果。

6.5.2　RH 法真空脱氮

进行 RH 处理时，当压强降为 100 Pa 时，N_2 在钢中的溶解度很小，仅为 14×10^{-6}，但在炼钢出钢到连铸过程中还常常发生吸氮，因此钢中[N]是难以去除的。

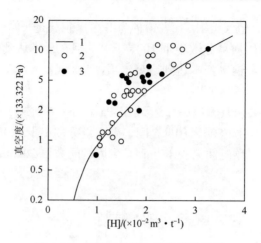

图 6-21　氢质量分数与真空度的关系

从理论上来讲，RH 真空精炼过程是具备一定脱氮能力的。但实际生产中，由于[N]扩散速度很慢，脱氮速度也就很慢，在钢中原始氮质量分数较低的条件下，RH 真空精炼过程脱氮是很困难的，有时候甚至由于 RH 真空室漏气或者驱动气体氩气不纯而增氮，只有在钢中原始氮质量分数较高的情况下才具有一定的脱氮效率。因此，对于生产极低的氮钢种来说，要防止钢液在 RH 真空处理发生增氮。

在 RH 中，脱氮主要靠真空下增大脱碳速度和降低氧和硫的活度进行，图 6-22 是真空下硫质量分数对吹氩脱氮的影响。在 RH-PTB 喷粉脱硫过程中，钢水氮含量也是降低的。

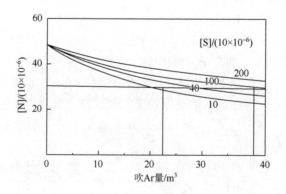

图 6-22　真空下硫质量分数对吹 Ar 脱氮的影响

6.5.3　RH 法真空脱碳

在 RH 真空处理过程中，C、O 反应生成 CO 气体，由于真空降低了气相中

CO 的分压使得 C 和 O 的反应向着生成 CO 气体的方向进行。

1. RH 深脱碳精炼过程

复吹转炉出钢钢水中 C 质量分数若在 400×10^{-6}，O 质量分数在 500×10^{-6}，则 RH 深脱碳可分为三个阶段。

第一阶段：C 质量分数由 400×10^{-6} 降至 200×10^{-6}。此期间，C、O 质量分数较高，反应激烈，喷溅严重，延长抽真空时间，可以减轻钢液喷溅发生。由于钢液中的 C 质量分数、O 质量分数高，在钢液中的扩散不是限制性环节，因此深脱碳措施往往采取自然脱碳方式。第一阶段深脱碳时间一般在 5 min 左右。

第二阶段：C 质量分数由 200×10^{-6} 左右降至 30×10^{-6}。尽管提高真空度对脱碳有促进作用，但该阶段脱碳速度主要受到钢液中的 O 质量分数控制。这是因为第一阶段脱碳反应已消耗了钢液中的 O，若想加速深脱碳反应，必须补充钢液中的 O 质量分数至 $200 \times 10^{-6} \sim 400 \times 10^{-6}$，因此，该阶段深脱碳措施往往采取顶吹氧强制脱碳方式，深脱碳时间一般在 $15 \sim 20$ min 之间。

第三阶段：脱碳后期，钢液中的 C 质量分数由 30×10^{-6} 左右降至 10×10^{-6} 以下。该阶段碳氧反应速率极慢，提高真空度的促进作用不明显，且碳氧反应地点已转移到钢液表面层，因此不仅需要采取顶吹氧强制脱碳，同时还采取增加钢液与气相接触面积的措施，如向钢液表面吹氩及加入铁矿粉等方法。同时在真空条件下精炼时间保持越长，才能做到进一步降低钢液中的 C 质量分数。

2. RH 真空脱碳的动力学条件

RH 内的脱碳速度主要取决于钢液中碳的扩散。低碳区碳的传质是反应速率的限制性环节，即碳的传质速率为

$$-\frac{\mathrm{d}C_{\mathrm{L}}}{\mathrm{d}t} = k_{\mathrm{C}} \cdot C_{\mathrm{L}}$$

$$C_{\mathrm{L}} = C_{\mathrm{L}} \cdot \exp(-k_{\mathrm{C}} \cdot t)$$

$$k_{\mathrm{C}} = \frac{60}{\omega(1/Q + 1/\alpha k_{\mathrm{C}} \cdot \rho)} \qquad (6\text{-}8)$$

式中，C_{L}——钢液中碳的浓度；

　　　k_{C}——碳的传质系数；

　　　Q——RH 钢水循环流量；

　　　αk_{C}——碳的体积传质系数（=碳的传质系数×反应界面积）；

　　　ρ——钢水密度。

从式（6-8）可知，增加钢水循环流量可以提高碳的传质系数。前人对 RH 钢水循环流量的测定结果表明：①增加吹氩流量 Q_{g} 使 RH 的循环流量增大；②扩大

上升管直径 D_u 使循环流量增大；③增加浸入管的插入深度 H 也会使循环流量增大。图 6-23 给出了循环流量 Q 的计算值与实测值的比较。

总结以上研究，RH 内钢水的循环流量可以表示为

$$Q \propto K \cdot Q_g^{1/3} \cdot D_u^{4/3} \cdot H^{1/3} \tag{6-9}$$

RH 精炼中发生的各种化学反应的反应速率取决于金属侧各元素的传质系数，Shigeru 的研究证明，在整个 RH 精炼过程中各元素的传质系数基本保持不变，但反应界面积随时间发生明显变化。为了方便描述各种反应速率，常采用体积传质系数 αk （＝传质系数×反应界面积）。

RH 的体积传质系数与以下因素有关：①αk 和钢水碳质量分数成正比；②增加钢水的循环流量 Q 使 αk 值提高；③改变吹氩方式利于提高 αk 值，如在 300 t RH 的真空室底部增设 8 支 ϕ2 mm 吹 Ar 管吹氩（$Q_A = 800$ NL·min^{-1}），使 αk 值提高。

提高 RH 脱碳速度的工艺措施包括：①提高循环流量和体积传质系数，如图 6-24 所示。日本川崎钢铁公司千叶厂 RH 最初的工况，$k_C = 0.1$ min^{-1}。扩大上升管直径增加环流后，达到 $k_C = 0.15$ min^{-1}。进一步改进吹 Ar 方式使 αk 值增大，$k_C = 0.2$ min^{-1}。②提高抽气速率，如图 6-25 所示。定义 RH 真空系统的抽气速率常数 $R = -\ln(\rho/\rho_0)/(t \cdot$ min$^{-1})$。③吹氧。采用 KTB 顶吹氧工艺，提高 RH 前期脱碳速度，使表观脱碳速度常数 k_C 从 0.21 min^{-1} 提高到 0.35 min^{-1}。④改变吹 Ar 方式。实验证明，在 RH 真空室的下部吹入大约 1/4 的氩气，可使 RH 的脱碳速度提高大约 2 倍。

综上所述，提高 RH 深脱碳措施包括以下几点。

（1）快速提高 RH 真空度。RH/TB 处理采用大泵抽真空，并采取手动和自动控制相结合，提高真空室内的排气速度，快速提高真空度。

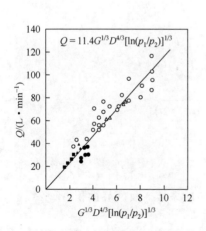

图 6-23　循环流量 Q 的计算值与实测值的比较

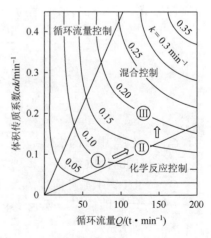

图 6-24　RH 钢水循环流量 Q 和体积传质系数 αk 对脱碳速度的影响

（2）增加提升钢液的驱动气体氩气流量。增加提升钢液的驱动氩气流量，可以促进钢液通过 RH 真空室的循环速度，增大钢液-氩气泡的接触面积，有利于碳氧反应的快速进行。由此，将氩气流量由原来的 $90\,Nm^3 \cdot h^{-1}$ 提高到 $140\,Nm^3 \cdot h^{-1}$，钢液循环速度由 $90\,t \cdot min^{-1}$ 提高到 $120\,t \cdot min^{-1}$。

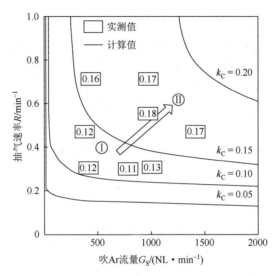

图 6-25　RH 抽气速率 R 和吹 Ar 流量对脱碳速度的影响

（3）向真空室内钢液表面吹氧。真空吹氧强制脱碳时，供氧流量为 $2000\,Nm^3 \cdot h^{-1}$，保持钢液中的[O]在 260×10^{-6} 以上。

（4）延长真空脱碳时间。真空处理时间越长，钢液碳质量分数就越低。当真空脱碳处理时间为 22 min 左右，钢液中的碳质量分数由 160×10^{-6} 左右降至 20×10^{-6} 左右。

6.6　RH 法的效果

1）脱氢效果

经循环处理后，脱氧钢可脱氢约 65%，未脱氧钢可脱氢 70%。使钢中的氢质量分数降到 2×10^{-6} 以下。统计操作记录后发现，最终氢质量分数近似地与处理时间呈直线关系。由此推论，如果适当延长循环时间，氢质量分数还可以进一步降低。

2）脱氧效果

循环处理时，碳有一定的脱氧作用，特别是当原始氧质量分数较高，如果处理未脱氧的钢，这种作用就更明显。实测发现，处理过程中的脱碳量和溶解氧的降低量之比约为 8：4，这表明钢中溶解氧的脱除，主要是依靠真空下碳的脱氧作用。用 RH 法处理未脱氧的超低碳钢，氧质量分数可由 $200 \times 10^{-6} \sim 500 \times 10^{-6}$ 降到 $80 \times 10^{-6} \sim 300 \times 10^{-6}$。处理各种碳质量分数的镇静钢，氧质量分数分数可由 $60 \times 10^{-6} \sim 250 \times 10^{-6}$ 降到 $20 \times 10^{-6} \sim 60 \times 10^{-6}$。

3）去氮效果

与其他各种真空脱气法一样，RH 法的脱氮量也是不大的。当原始氮质量分数较低时，如 $[N] < 50 \times 10^{-6}$，处理前后氮质量分数几乎没有变化。当氮质量分数大于 100×10^{-6} 时，脱氮率一般只有 10%～20%。

4）脱气钢的质量

真空循环脱气法处理的钢种范围很广，包括锻造用钢、高强钢、各种碳素和合金结构钢、轴承钢、工具钢、不锈钢、电工钢、深冲钢等。

钢液经处理后可提高纯净度，使纵向和横向机械性能均匀，提高延伸率、断面收缩率和冲击韧性。对于一些要求热处理的钢种，脱气处理后一般可缩短热处理时间。

5）经济效果

为全面评价 RH 法的经济效果，必须对处理的附加费用，以及因处理的收益做综合比较才能得知。

处理的附加费用包括：①运行的费用，包括有原材料的消耗、人工、电力、蒸汽、冷却水、氩气等；②炼钢厂的附加费用，如因提高出钢温度而延长了冶炼时间和增加了能源消耗等各种费用、钢包使用时间延长所增加费用、耐火材料消耗量增加所需费用、整套真空循环脱气装置的折旧等。而处理的效益有缩短退火时间、减少废品、缩短生产周期、提高收得率、节约脱氧剂及合金元素、改善钢质量等。具体的经济效果，可根据不同的钢种，按实际情况逐项算出。

实践证明，真空脱气不会增加每吨钢的生产成本，对于一些钢种却会明显地降低成本。例如，我国某厂用平炉、电弧炉混炼后经 RH 处理生产轴承钢，其质量与常规的电炉产品相当，其成本比电炉冶炼降低 20% 左右。加之考虑交货期的缩短，钢质量的改善，其实际效益将更大一些。

6.7　RH 法的发展

RH 真空精炼法自问世以来在精炼工艺和技术方面都得到了迅速发展，开发了许多新方法和新技术。RH 真空精炼的钢水质量不断提高，精炼品种进一步扩大。

具体包括：①RH 真空脱碳及相关技术：RH-OB（真空吹氧脱碳法）和 RH-（K）TB（真空吹氧脱碳法）；②RH 喷粉功能：RH-PB 法、RH-PTB 喷粉法、VI

法和 RH 喷粉法等；③RH 脱氧新技术：日本钢管公司为了进行 RH 脱氧，开发出了升压降压法（pressure elevating and reducing method，NK-PERM）。

6.7.1　真空吹氧脱碳法

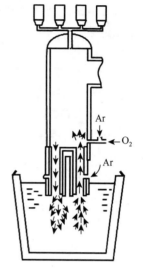

　　1972 年新日本制铁株式会社室兰制铁所，根据 VOD 生产不锈钢的生产原理，开发了真空吹氧脱碳法，如图 6-26 所示。

　　该方法的优点是使用 RH-OB 真空吹氧精炼技术可进行强制脱碳、加铝吹氧升高钢水温度、生产铝镇静钢等，减轻了转炉负担，提高了转炉作业率，缩短了冶炼时间。

　　缺点是 RH-OB 喷嘴寿命低，降低了 RH 设备的作业率；喷溅严重，增加了 RH 真空室的结瘤，结瘤后使脱碳很低后的钢水增碳，不利于超低碳钢的生产。

图 6-26　RH-OB 设备示意图

6.7.2　RH-KTB 真空吹氧脱碳法

　　在 RH 装置上采用 KTB（kawasaki top blowing）技术（图 6-27），在脱碳反应

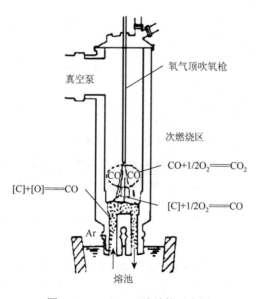

图 6-27　RH-KTB 法结构示意图

受氧气供给速率支配的沸腾处理前半期，向真空槽内的钢水液面吹入氧气，增大氧气供给量，因而可在较低氧含量水平下大大加速脱碳。

图 6-28 给出了 RH-KTB 脱碳规律的特点，图 6-29 是 RH 和 RH-KTB 过程中的温度变化。

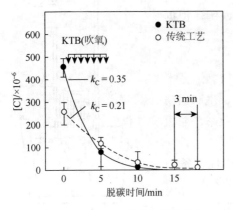

图 6-28　RH-KTB 脱碳规律的特点

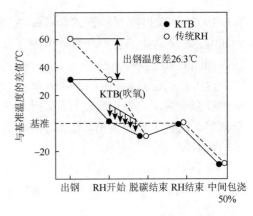

图 6-29 RH 和 RH-KTB 过程中的温度变化

由图 6-28 可知，在[C]>300×10⁻⁶的高碳浓度区，KTB 法的脱碳速率常数 $K=0.35$，比常规 RH 法大。

在[C]>100×10⁻⁶的范围内，主要由吹氧控制脱碳反应，脱碳速度随着[O]的增加而增加，而在[C]≤100×10⁻⁶下，吹氧的意义就不大了。因此，使用 RH-KTB 法，转炉出钢钢水碳质量分数可由 300×10⁻⁶提高到 500×10⁻⁶，并可以用高碳铁合金代替低碳铁合金作为 RH 合金化的原料。

由图 6-29 可知，采用 RH-KTB 技术可以显著降低初炼炉出钢温度。

6.7.3　RH 喷粉功能

目前在 RH 上采用的喷粉方法有新日本制铁公司名古屋厂的 RH-PB 法、新日本制铁公司大分厂的 RH 喷粉法和住友金属工业株式会社和歌山厂的 RH-PTB 法、我国内蒙古第二机械制造总厂和内蒙古金属材料研究所共同研制的 VI（vacuum injection）法等。

1. RH-PB 法

新日铁名古屋厂于 1987 年研制成的 RH-PB 法是利用 RH-OB 真空室下部的吹氧喷嘴将粉剂通过 OB 喷嘴吹入钢液，进行脱气、脱硫及冶炼超低磷钢的精炼方法，如图 6-30 所示。

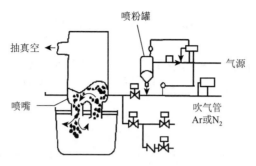

图 6-30　RH-PB 设备原理图

采用该法，使用少于传统方法中的熔剂也能达到很高的脱硫率。原因是采用 RH-PB 法时，吹入并分布在钢水中的熔剂形成的熔渣颗粒具有很强的脱硫能力，提高了脱硫效率。

2. RH-PTB 喷粉法

日本住友工业株式会社和歌山厂为了冶炼超低硫深冲钢采用了水冷顶枪进行喷粉，即 RH-PTB 法（图 6-31）。当喷吹的粉剂进入熔池以后，极大地扩大了颗粒与钢液之间的反应界面面积，从而加速了脱硫反应，降低了钢中硫质量分数。本法炼超低硫钢喷吹 CaO-CaF$_2$ 系粉剂，喷吹速度为 $100 \sim 130$ kg·min^{-1}；炼极低碳钢喷吹铁矿石粉剂，喷吹速度为 $20 \sim 60$ kg·min^{-1}。

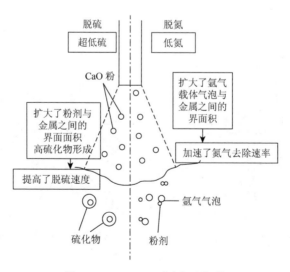

图 6-31　RH-PTB 反应机理概貌

用 RH-PTB 法喷粉时，当 CaO-CaF$_2$ 粉剂用量为 5 kg·t^{-1} 时，可使钢中[S]降到 5×10^{-6} 以下；当用量为 8 kg·t^{-1} 时，可得[S] = $1.3 \times 10^{-6} \sim 2.9 \times 10^{-6}$ 的超

低硫钢，此时脱硫率大于 90%。与此同时，钢中氮质量分数也由 $20×10^{-6}$ 降到 $15×10^{-6}$。

喷铁矿粉时，消除了一般 RH 中[C]<$3×10^{-6}$ 时脱碳的停滞现象，处理后碳质量分数可降到 $5×10^{-6}$，从而为冶炼超低碳钢创造了条件。

3. VI 法

我国内蒙古第二机械制造总厂和内蒙古金属材料研究所于 1984 年共同研制的真空喷粉法（VI 法）如图 6-32 所示，其效果使 25CrNi3MoV 钢的氧质量分数降到 $19.8×10^{-6}$（最低 $9×10^{-6}$），硫质量分数降到 $15×10^{-6}$～$40×10^{-6}$，而且早于新日本制铁公司名古屋厂 RH-PB 法三年多。

特点是粉体在钢液中经过的路程较长，使其脱硫、脱氧的作用得以充分发挥。

4. RH 喷粉法

新日本制铁公司大分厂为了大量生产海洋结构和耐蚀管线钢等超低硫钢，于 1985 年开发了用一步工序同时完成脱硫、脱氢、脱碳、减少非金属夹杂和调整成分的 RH 喷粉法（图 6-33）。该法使用喷枪从钢包内的钢水深部进行吹氩和喷粉。

特点是可以将炉渣的不利影响限制在最低程度；粉体与钢水可以接触较长的时间；可以增强包底和真空室内的钢水搅拌。

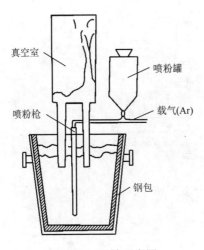

图 6-32　VI 法示意图

图 6-33　RH 喷粉法示意图

①与包内炉渣的混合少；②精炼用粉剂停留时间长；③强化真空槽底部的搅拌；④环流量增大

参 考 文 献

白丙中. 1991. 国内外钢厂 RH 真空处理技术的发展. 鞍钢技术,（9）：1-6.

陈家祥. 1984. 炼钢常用图表数据手册. 北京：冶金工业出版社.

陈建斌. 2008. 炉外处理. 北京：冶金工业出版社.

冯聚和, 艾立群, 刘建华. 2013. 铁水预处理与钢水炉外精炼. 北京：冶金工业出版社.

傅杰. 1982. 特种冶炼. 北京：冶金工业出版社.

〔日〕冈田泰和, 家田幸治, 永幡勉, 等. 1994. RH 粉体上吹精錬 法の開発. 铁と钢, 80：9-12.

高泽平. 2013. 炉外精炼教程. 北京：冶金工业出版社.

高泽平, 贺道中. 2013. 炉外精炼操作与控制. 北京：冶金工业出版社.

韩至成. 2008. 电磁冶金技术及装备. 北京：冶金工业出版社.

黄会发, 魏季和, 郁能文, 等. 2003. RH 精炼技术的发展. 上海金属, 25（6）：6-10.

黄希祜. 2002. 钢铁冶金原理. 北京：冶金工业出版社.

蒋国昌. 1996. 纯净钢及二次精炼. 上海：上海科学技术出版社.

李亮. 2002. VD 炉钢液温度在线预报模型的开发. 沈阳：东北大学博士学位论文.

刘本仁, 萧忠敏, 刘振清, 等. 2001. 钢水精炼技术在武钢的开发应用. 炼钢, 17（6）：1-7.

刘良田. 1990. RH 真空深度脱硫. 武钢技术, 28（1）：16-20.

刘良田. 1993. 武钢 2#RH 生产实践. 炼钢, 9（3）：16-19, 7.

刘浏. 1993. 国外炉外精炼技术. 北京：冶金部炉外精炼办公室.

潘天明. 1981. 工频和中频感应炉. 北京：冶金工业出版社.

潘天明. 1996. 现代感应加热装置. 北京：冶金工业出版社.

曲英. 1980. 炼钢学原理. 北京：冶金工业出版社.

桑原达郎. 1988. 日本 RH 真空精炼法的发展. 国外钢铁,（10）：24-38.

绍象华. 1964. 真空熔炼的物理化学. 金属学报, 7（1）：85-103.

时彦林. 2004. 冶炼机械. 北京：化学工业出版社.

孙殿君. 1985. 真空冶金装置（四）——真空感应炉. 真空科学与技术, 1（5）：69-80.

滕力宏. 1997. 000Cr30Mo2 超低碳铁素体不锈钢的纯洁度控制. 特殊钢, 18（1）：38-40.

〔苏〕瓦谢尔曼 A M. 1981. 金属中气体的测定. 张中豪, 金钦滢译. 上海：上海科学技术出版社.

王殿禄. 1990. RH 真空处理法的功能. 炼钢, 6（3）：58-65.

尾上俊雄. 1987. 真空冶金. 真空, 30（12）：1024-1026.

〔日〕梶岗博幸. 2002. 炉外精炼. 李宏译. 北京：冶金工业出版社.

魏季和, 朱守军, 郁能文. 1998. 钢液 RH 精炼中喷粉脱硫的动力学. 金属学报, 34（5）：497-505.

魏寿昆. 1980. 冶金过程热力学. 上海：上海科学技术出版社.

徐国群. 2006. RH 精炼技术的应用与发展. 炼钢, 22（1）：12-15.

徐增启. 1994. 炉外精炼. 北京：冶金工业出版社.

远藤公一. 1989. 多功能二次精炼技术 RH 喷粉法的开发. 制铁研究，335：20-25.

战东平，姜周华，芮树森，等. 1999. RH 真空精炼技术冶金功能综述. 宝钢技术，（4）：60-63.

张春霞，刘浏，杜挺. 1996. RH-KTB 及其 RH 真空精炼方法. 炼钢，12（1）：53-59.

张鉴. 1993. 炉外精炼的理论与实践. 北京：冶金工业出版社.

郑建忠，黄宗泽，费惠春，等. 1999. RH 精炼过程深脱硫的试验研究. 宝钢技术，（6）：33-35.

郑沛然. 1994. 炼钢学. 北京：冶金工业出版社.

朱卫民，李炳源，杜峰. 1990. RH 真空脱硫的热力学研究. 上海金属，12（6）：19-22.

Winkler O，Bakish R. 1982. 真空冶金学. 康显澄，等译. 上海：上海科学技术出版社.

Bockris J O M，White J L，Mackenzie J D. 1959. Physicochemical Measurements at High Temperatures. London：Butterworths Scientific Publications.

Bunshah R F. 1958. Vacuum Metallurgy. New York：Reinhold Publishing Corporation.

Busch J，Dodd R A. 1960. The solubility of hydrogen and nitrogen in liquid alloys of iron，nickel，and cobalt. Transactions of the Metallurgical Society of AIME，218：488-490.

Coudure J M，Irons G A. 1994. The effect of calcium carbide particle size distribution on the kinetics ofhot metal desulphurization. Transactions of the Iron and Steel Institufe of Japan，34（2）：155-163.

Elliott J F，Gleiser M. 1960. Thermochemistry for Steelmaking. Vol. 1. Boston：Addison Wesley，Reading，Mass.

Endoh K. 1990. The development of multifunction secondary refining techlonogy. Nippon Steel Technical Report，4：45.

Hatakeyama T，Mizukami Y，Lga K，et al. 1989. Development of a new secondary refining process using an RH vacuum degasser. Iron and Steelmaker，16（7）：23-29.

Ishii A，Tare M，Ebisawa T. 1983. The ladle refining process for alloyed oil country tubular goods steels at Nippon Kokan K. Iron and Steelmaker，12（7）：35-42.

Kashyap V C，Parlee N A D. 1958. Solubility of nitrogen in liquid iron and iron alloys，Transactions of the Metallurgical Society of AIME 212：86-91.

Mizukami Y. 1986. RH-injection process combines degassing and powder injection. Steel Times，（3）：142-148.

Obana T，Ikenaga H. 1990. Recent progress in the RH operation at the Kashima Steelworks. Iron and Steel Maker，17（7）：21-26.

Olette M. 1961. Physical chemistry of process Metallurgy. New York：Interscience Publishers.

Sundberg Y. 1978. Mechanical stirring power in molten metal in ladles obtained by induction stirring and gas blowing scan. Journal of Metallurgy，70：81-87.

Takemura Y. 1987. The development of RH-injection technology. Aachen：International Conference Secondary Metallurgy Preprints. Aachen，Sept 21-23：245-255.